HEFTSCHWEISSVERFAHREN FÜR DAS LAGEFIXIEREN VON WERKSTÜCKEN BEIM SCHUTZGASSCHWEISSEN MIT INDUSTRIEROBOTERN

VON DER FAKULTÄT FERTIGUNGSTECHNIK
DER UNIVERSITÄT STUTTGART
ZUR ERLANGUNG DER WÜRDE EINES DOKTOR-INGENIEURS (DR.-ING.)
GENEHMIGTE ABHANDLUNG

vorgelegt von

Dipl.-Ing. Carsten Martin Claussen
aus Frankfurt am Main

Hauptberichter:	Prof. Dr.-Ing. Dr.h.c. Dr.-Ing.E.h. H.-J. Warnecke
Mitberichter:	Prof. Dr.-Ing. K. Siegert

Tag der Einreichung:	14. November 1990
Tag der mündlichen Prüfung:	16. Juli 1991

Carsten Martin Claussen

Heftschweißverfahren für das Lagefixieren von Werkstücken beim Schutzgasschweißen mit Industrierobotern

Mit 43 Abbildungen

Springer-Verlag
Berlin Heidelberg New York
London Paris Tokyo
Hong Kong Barcelona 1991

Dipl.-Ing. Carsten Martin Claussen

Fraunhofer-Institut für Produktionstechnik und Automatisierung (IPA), Stuttgart

Prof. Dr.-Ing. Dr. h. c. Dr.-Ing. E. h. H. J. Warnecke

o. Professor an der Universität Stuttgart
Fraunhofer-Institut für Produktionstechnik und Automatisierung (IPA), Stuttgart

Prof. Dr.-Ing. habil. H.-J. Bullinger

o. Professor an der Universität Stuttgart
Fraunhofer-Institut für Arbeitswirtschaft und Organisation (IAO), Stuttgart

ISBN-13: 978-3-540-54951-2 e-ISBN-13: 978-3-642-47944-1
DOI: 10.1007/978-3-642-47944-1

Gesamtherstellung: Copydruck GmbH, Heimsheim
62/3020–543210

Geleitwort der Herausgeber

Futuristische Bilder werden heute entworfen:

- o Roboter bauen Roboter,
- o Breitbandinformationssysteme transferieren riesige Datenmengen in Sekunden um die ganze Welt.

Von der "menschenleeren Fabrik" wird da gesprochen und vom "papierlosen Büro". Wörtlich genommen muß man beides als Utopie bezeichnen, aber der Entwicklungstrend geht sicher zur "automatischen Fertigung" und zum "rechnerunterstützten Büro". Forschung bedarf der Perspektive, Forschung benötigt aber auch die Rückkopplung zur Praxis - insbesondere im Bereich der Produktionstechnik und der Arbeitswissenschaft.

Für eine Industriegesellschaft hat die Produktionstechnik eine Schlüsselstellung. Mechanisierung und Automatisierung haben es uns in den letzten Jahren erlaubt, die Produktivität unserer Wirtschaft ständig zu verbessern. In der Vergangenheit stand dabei die Leistungssteigerung einzelner Maschinen und Verfahren im Vordergrund. Heute wissen wir, daß wir das Zusammenspiel der verschiedenen Unternehmensbereiche stärker beachten müssen. In der Fertigung selbst konzipieren wir flexible Fertigungssysteme, die viele verkettete Einzelmaschinen beinhalten. Dort, wo es Produkt und Produktionsprogramm zulassen, denken wir intensiv über die Verknüpfung von Konstruktion, Arbeitsvorbereitung, Fertigung und Qualitätskontrolle nach. Rechnerunterstützte Informationssysteme helfen dabei und sollen zum CIM (Computer Integrated Manufacturing) führen und CAD (Computer Aided Design) und CAM (Computer Aided Manufacturing) vereinen. Auch die Büroarbeit wird neu durchdacht und mit Hilfe vernetzter Computersysteme teilweise automatisiert und mit den anderen Unternehmensfunktionen verbunden. Information ist zu einem Produktionsfaktor geworden, und die Art und Weise, wie man damit umgeht, wird mit über den Unternehmenserfolg entscheiden.

Der Erfolg in unseren Unternehmen hängt auch in der Zukunft entscheidend von den dort arbeitenden Menschen ab. Rationalisierung und Automatisierung müssen deshalb im Zusammenhang mit Fragen der Arbeitsgestaltung betrieben werden, unter Berücksichtigung der Bedürfnisse der Mitarbeiter und unter Beachtung der erforderlichen Qualifikationen. Investitionen in Maschinen und Anlagen müssen deshalb in der Produktion wie im Büro durch Investitionen in die Qualifikation der Mitarbeiter begleitet werden. Bereits im Planungsstadium müssen Technik, Organisation und Soziales integrativ betrachtet und mit gleichrangigen Gestaltungszielen belegt werden.

Von wissenschaftlicher Seite muß dieses Bemühen durch die Entwicklung von Methoden und Vorgehensweisen zur systematischen Analyse und Verbesserung des Systems Produktionsbetrieb einschließlich der erforderlichen Dienstleistungsfunktionen unterstützt werden. Die Ingenieure sind hier gefordert, in enger Zusammenarbeit mit anderen Disziplinen, z. B. der Informatik, der Wirtschaftswissenschaften und der Arbeitswissenschaft, Lösungen zu erarbeiten, die den veränderten Randbedingungen Rechnung tragen.

Beispielhaft sei hier an den großen Bereich der Informationsverarbeitung im Betrieb erinnert, der von der Angebotserstellung über Konstruktion und Arbeitsvorbereitung, bis hin zur Fertigungssteuerung und Qualitätskontrolle reicht. Beim Materialfluß geht es um die richtige Auswahl und den Einsatz von Fördermitteln sowie Anordnung und Ausstattung von Lagern. Große Aufmerksamkeit wird in nächster Zukunft auch der weiteren Automatisierung der Handhabung von Werkstücken und Werkzeugen sowie der Montage von Produkten geschenkt werden.

Von der Forschung muß in diesem Zusammenhang ein Beitrag zum Einsatz fortschrittlicher intelligenter Computersysteme erfolgen. Planungsprozesse müssen durch Softwaresysteme unterstützt und Arbeitsbedingungen wissenschaftlich analysiert und neu gestaltet werden.

Die von den Herausgebern geleiteten Institute, das

- Institut für Industrielle Fertigung und Fabrikbetrieb der Universität Stuttgart (IFF),

- Fraunhofer-Institut für Produktionstechnik und Automatisierung (IPA),

- Fraunhofer-Institut für Arbeitswirtschaft und Organisation (IAO)

arbeiten in grundlegender und angewandter Forschung intensiv an den oben aufgezeigten Entwicklungen mit. Die Ausstattung der Labors und die Qualifikation der Mitarbeiter haben bereits in der Vergangenheit zu Forschungsergebnissen geführt, die für die Praxis von großem Wert waren. Zur Umsetzung gewonnener Erkenntnisse wird die Schriftenreihe "IPA-IAO - Forschung und Praxis" herausgegeben. Der vorliegende Band setzt diese Reihe fort. Eine Übersicht über bisher erschienene Titel wird am Schluß dieses Buches gegeben.

Dem Verfasser sei für die geleistete Arbeit gedankt, dem Springer-Verlag für die Aufnahme dieser Schriftenreihe in seine Angebotspalette und der Druckerei für saubere und zügige Ausführung. Möge das Buch von der Fachwelt gut aufgenommen werden.

H. J. Warnecke · H.-J. Bullinger

Vorwort des Verfassers

Die vorliegende Arbeit entstand während meiner Tätigkeit als wissenschaftlicher Mitarbeiter am Fraunhofer-Institut für Produktionstechnik und Automatisierung (IPA), Stuttgart.

Mein besonderer Dank gilt dem Leiter des Institutes, Herrn Prof. Dr.-Ing. Dr.h.c. Dr.-Ing.E.h. H.-J. Warnecke, für seine großzügige Unterstützung und Förderung, die entscheidend zur erfolgreichen Durchführung dieser Arbeit beigetragen hat.

Herrn Prof. Dr.-Ing. K. Siegert danke ich für die Übernahme des Koreferates.

Herrn Prof. Dr.-Ing. habil. W. Dangelmaier bin ich für die wissenschaftliche und menschliche Hilfestellung bei der Anfertigung der Arbeit zu großem Dank verpflichtet.

Herr H. Flaig soll für alle die Mitarbeiter und Studenten des Institutes sowie für die industriellen Partner stehen, die mir bei der Entwicklung des Heftschweißverfahrens in vielfältiger Weise behilflich waren.

Stuttgart, den 20. Juli 1991 Carsten Martin Claussen

Inhaltsverzeichnis

Abkürzungen und Formelzeichen

a	m/s^2	Beschleunigung
AS		Arbeitsschritte
b_F	mm	Breite der Zündspitze
b_V	mm	Breite des Versuchswerkstückes
d_V	mm	Dicke des Versuchswerkstückes
d_Z	mm	Durchmesser der Zündspitze
F	N	Vorspannkraft
F_C	N	Federvorspannung
g	m/s^2	Erdbeschleunigung
I	A	Schweißstrom
j,i		Indexvariable
k		Hauptzeitkennziffer des betrachteten Arbeitsplatzes
k_m		Hauptzeitkennziffer bei manuellem Betrieb
l_V	mm	Länge des Versuchswerkstückes
l_Z	mm	Länge der Zündspitze
M		Machbarkeitskennziffer
m		maximale Anzahl Arbeitsschritte
m_A	g	Masse des Anschweißteiles
m_G	g	Masse des Greifers
n		maximale Anzahl Teilenummern
PC		Personal Computer
s	mm	Weg
s_E	mm	Eintauchtiefe
T		zeitlicher Rüstaufwand des betrachteten Arbeitsplatzes
t_L	ms	Lichtbogenbrennzeit
T_m		zeitlicher Rüstaufwand bei manuellem Betrieb
TN		Teilenummern des Werkstückspektrums

v_E	m/s	Eintauchgeschwindigkeit
W	Nm	Energie
U	V	Ladespannung
U_l	V	Lichtbogenspannung
μ		Mittelwert der Meßreihe
σ		Standardabweichung der Grundgesamtheit
σ^2		Varianz

1 Einleitung

1.1 Problemstellung

Bei der Blechverarbeitung sind Fortschritte in Richtung einer flexiblen Automatisierung erkennbar /1,2/. Dies läßt sich am zunehmenden Einsatz numerisch gesteuerter Werkzeugmaschinen und flexibler Fertigungszellen für die Herstellung von ebenen und räumlichen Blechteilen zeigen /3/. Für das Fügen dieser Blecheinzelteile zu einem Bauteil[1)] werden häufig die Verfahren der Schweißtechnik eingesetzt. Mit Industrierobotern ist es generell möglich, auch den Schweißvorgang flexibel zu automatisieren. Für das Fügen von zwei oder mehreren Einzelteilen zu einem Bauteil bieten sich für das automatische Schweißen, vor allen anderen Verfahren, das Widerstandspunktschweißen und das Lichtbogenschmelzschweißen an. Gerade für das flexible Schweißen mit Industrierobotern sind diese beiden Schweißverfahren besonders geeignet, was durch die zur Verfügung stehenden anwendungsgerechten Schweißausrüstungen mit Schweißstromquellen, Sensoren und Programmierverfahren unterstrichen wird /5/. Trotz dieser erfolgreichen Bemühungen zur Automatisierung der Schweißtechnik entsprechen die bisherigen Zuwachsraten bei Schweißrobotern aber noch nicht dem Marktpotential, das man bei einem Vergleich mit den Zuwachsraten in der Montage- oder Handhabungstechnik erwarten könnte /6/.

Der Vergleich des Widerstandspunktschweißens und des Lichtbogenschmelzschweißens zeigt, daß der Anteil der mit Industrierobotern automatisierten Schweißaufgaben beim Lichtbogenschmelzschweißen deutlich geringer als der beim Widerstandspunktschweißen ist. Während das Verhältnis von Schweißrobotern zum Widerstandspunktschweißen gegenüber denen zum Lichtbogenschmelzschweißen annähernd ausgeglichen ist, sind drei Viertel aller in der Bundesrepublik Deutschland tätigen Schweißer dem Lichtbogenschmelzschweißen zuzuordnen /7,8/. Die bisherigen Industrieroboter zum

---

1) Mit Bauteil wird allgemein ein aus mehr als einem Einzelteil zusammengesetztes Werkstück beschrieben /3/. Im Rahmen dieser Arbeit wird unter dem Begriff Bauteil ein geschweißtes Bauteil verstanden.

Schutzgasschweißen[2] werden überwiegend im Bereich der Großserien- und Massenfertigung eingesetzt, weil hier wegen der geringeren Anforderungen an die Flexibilität bauteilgebundene Problemlösungen für den gesamten Fügeablauf leichter möglich sind /9/. Da schweißtechnisch keine Unterschiede zwischen dem Schutzgasschweißen eines Bauteiles in großer oder kleiner Stückzahl bestehen, und der Schweißroboter jeweils das gleiche flexible Fertigungsmittel ist, müssen die Gründe, die seinem wirtschaftlichen Einsatz in diesem Stückzahlbereich entgegenstehen, in den aufwendigen Nebenzeiten und Rüstvorgängen sowie in der Peripherie des Schweißroboters liegen. Gerade bei den dem Industrieroboterschweißen vorgelagerten Arbeitsumfängen, üblicherweise als Heften bzw. Beladen der Schweißvorrichtungen mit Einzelteilen bezeichnet, sind vorwiegend manuelle Tätigkeiten zu beobachten. Diese Einsatzbedingungen für Industrieroboter in der Klein- und Mittelserienfertigung behindern einen flexiblen und automatisierten Ablauf vom Lagefixieren[3] der Einzelteile bis zum fertig geschweißten Bauteil, mit dem eine Ausdehnung der wirtschaftlichen Anwendungsgrenze für Schweißroboter und damit eine weitergehende Erschließung des aufgezeigten Rationalisierungspotentiales möglich ist.

1.2 Zielsetzung

Die auch in der Schweißtechnik weltweit festzustellenden rückläufigen Losgrößen bei damit einhergehender Steigerung der Variantenvielfalt /1/ verlangen aber gerade bei der Klein- und Mittelserienfertigung nach einer Erhöhung des Automatisierungsgrades. Damit in diesem zukunftsträchtigen Stückzahlbereich

---

2) In der Bundesrepublik waren im Jahre 1989 3790 Installationen von Industrierobotern zum Lichtbogenschmelzschweißen bekannt /5/. Dabei kommen fast ausnahmslos Verfahren zum Schutzgasschweißen - neben dem Metall-Inertgas-Schweißen (MIG) und dem Unterpulverschweißen (UP) bei über 90 Prozent der Anwendungsfälle das Metall-Aktivgas-Schweißen (MAG) - zum Einsatz.

3) Lagefixieren sei definiert als der Oberbegriff für das maßgerechte Positionieren und Fixieren der Lage von zu verschweißenden Einzelteilen innerhalb des Bauteiles mit definiertem Spalt. Somit ist das Lagefixieren weiter gefaßt als das Heften von Einzelteilen, weil das Heften eine schweißtechnische Lagesicherung mit einer stoffschlüssigen Verbindung der Einzelteile beinhaltet /8/.

Industrieroboter für das Schutzgasschweißen erfolgreich einsetzt werden können, müssen die oben genannten Automatisierungshemmnisse beim Lagefixieren beseitigt werden.

Um diesem Anspruch des flexiblen und automatisierten Ablaufes zu genügen, setzt sich die vorliegende Arbeit die Entwicklung eines technisch geeigneten und wirtschaftlich einsetzbaren Verfahrens für ein Lagefixieren mit Industrierobotern und der zugehörigen Betriebsmittel zum Ziel. Die Entwicklung eines von Schweißrobotern auszuführenden Lagefixierens soll eine Komplettbearbeitung[4)], d.h. Lagefixieren und Ausschweißen in einem automatisch ablaufenden Zyklus, auch für die Industrieroboterschweißtechnik ermöglichen. Trotz der dabei eintretenden Erhöhung der Belegungszeiten pro Bauteil auf dem Schweißroboter, durch einen zusätzlichen Arbeitsschritt, muß sich mit dem Lagefixieren für Schweißroboter die Wirtschaftlichkeit des Industrierobotersystems zum Schutzgasschweißen verbessern, weil die Zusammenlegung der Arbeitsschritte eine Reduzierung der Durchlaufzeiten, und die höhere Automatisierung eine Erweiterung der Industrieroboterlaufzeit zuläßt. Die auch quantitative Optimierung des Produktionsausstoßes wird dabei durch längere Nutzungszeiten unterstützt[5)]. Um die Wirtschaftlichkeit sicherzustellen, muß der Zeitbedarf für das Lagefixieren die bisher getrennten Zeitaufwendungen für die Arbeitsschritte unterschreiten.

---

4) In anderen Bereichen sind die Vorteile der Komplettbearbeitung deutlich gemacht worden. Dies gilt vor allem für den Bereich der spanenden Teilefertigung /11/. Aber auch im Bereich der flexiblen Blechteilefertigung sind positive Ansätze unverkennbar /12/.

5) Dies deckt sich mit Erkenntnissen /13/, die belegen, daß die erhöhte Ausbringung je Zeiteinheit nicht das vornehmlichste Ziel bei der Rationalisierung von Fertigungsaufgaben sein kann.

2 Stand der Technik beim Schutzgasschweißen mit Industrierobotern in der Klein- und Mittelserienfertigung

2.1 Ablauf in Industrierobotersystemen zum Schutzgasschweißen

Die Diskussion des Ablaufes soll sich an den Merkmalen einer Aufgabe orientieren. Merkmale, nach denen jede Aufgabengliederung /14/ vorgenommen wird, sind die sachlichen Aufgabenmerkmale Gegenstand (Bauteil), Verrichtung (Arbeitsschritte) und zum Einsatz kommende Arbeits- oder Betriebsmittel. Die formalen Merkmale drükken sich in der Beziehung zwischen ihnen aus. Dabei stellt die Ablauforganisation die raumzeitliche Strukturierung der Arbeits- und Bewegungsvorgänge dar, während die Aufbauorganisation die Gliederung in aufgabenteilige Einheiten angibt.

2.1.1 Bauteile

Die mit Industrierobotersystemen zum Schutzgasschweißen zu schweißenden Bauteile setzen sich aus mindestens zwei Einzelteilen zusammen und zeichnen sich daher durch eine starke Form- und Geometrieänderung während des Fertigungsprozesses aus. Bei einem Fügevorgang, bei dem an einem Grundteil ein anderes Teil befestigt wird, soll zwischen den beiden Einzelteilklassen "Basisteil" und "Anschweißteil" unterschieden werden (siehe Bild 1).

Das Basisteil bestimmt die Geometrie eines Bauteiles. Es ist zumeist das größte Einzelteil, und es gibt den geometrischen Bezug des Bauteiles zum Schweißroboter an. Ein weiteres Kennzeichen ist die Führung des Schweißstromes über das Basisteil. Es handelt sich, bezogen auf den zeitlichen Ablauf, um das erste Einzelteil, an das alle weiteren Einzelteile angefügt werden. Die Anschweißteile bauen demnach auf dem Basisteil auf. Der funktionsunterstützende Charakter der Anschweißteile ergibt sich beispielsweise aus dem Ziel, eine Festigkeitserhöhung mittels Streben und Riegeln zu erreichen oder etwa dadurch, daß mit Haltern oder Flanschen Anschlußmöglichkeiten gebildet werden. Sofern die eindeutige Einteilung in Basis- und Anschweißteil nicht möglich ist (z.B. bei der

Zusammensetzung eines Rahmens aus in etwa gleich langen Profilen), ist die gleiche Einteilung mehrstufig vorzunehmen, so daß ein Basisteil der Stufe 1 aus Basisteil und Anschweißteilen der Stufe 0 besteht.

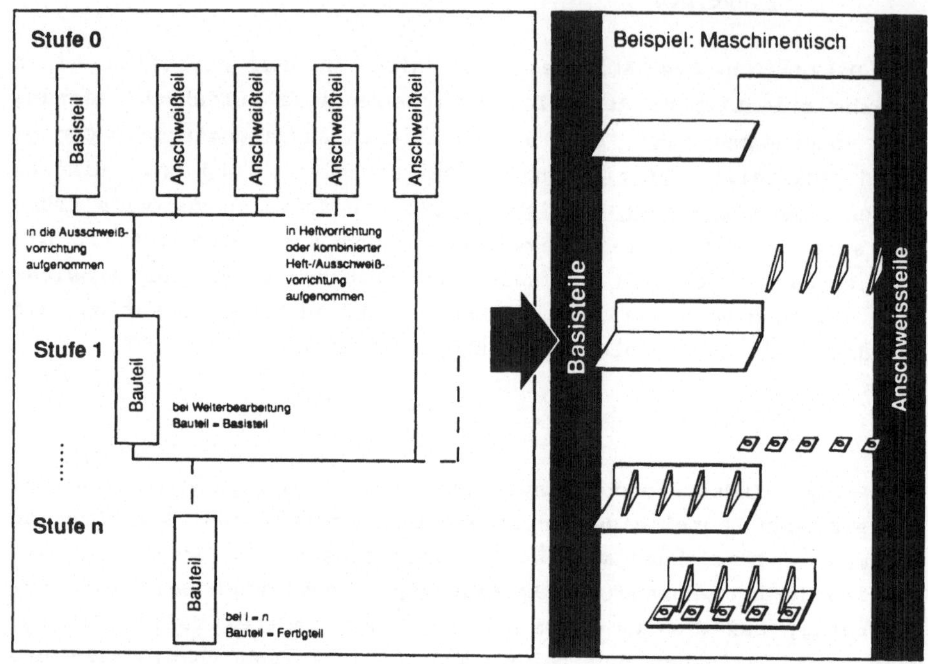

Bild 1: Definition von Bauteilen beim Schutzgasschweißen

2.1.2 Arbeitsschritte

Bisherige Klassifizierungen von Industrierobotersystemen, beispielsweise von Gzik /10/, Schmidt-Streier /15/, Severin /16/ betrachten schwerpunktmäßig nur den direkt und eindeutig dem Industrieroboter zugeordneten Arbeitsschritt. Sie gehen davon aus, daß die vor- und nachgelagerten, zumeist manuellen Arbeitsschritte, einem funktionssicheren Ablauf entsprechend vollzogen werden. Daher werden weitere Arbeitsschritte, wie etwa das Verschleifen von Schweißnähten /17/, nur dann betrachtet, wenn sie ebenfalls vom Industrieroboter vorgenommen werden. Aus diesem Grunde sind bisherige Klassifizierungen nicht auf alle Arbeitsschritte anwendbar. Um die automatisierungshemmenden Nebentätigkeiten in Industrierobotersystemen zu erfassen und um dem gesamtheitlichen Anspruch zu genügen, müssen im Gegensatz zu bekannten Klassifizierungen des Fügeablaufes alle Teilverrichtungen von der Bereitstellung der zu schweißenden Einzelteile bis hin zur Abnahme des geschweißten Bauteiles und damit ebenso die materialflußtechnischen Verknüpfungen berücksichtigt werden.

Die Fügeaufgabe läßt sich gemäß ihrer zeitlichen Reihenfolge in vier generelle Teilverrichtungen gliedern:

Arbeitsschritt 1 - Vorbereiten der Einzelteile,
Arbeitsschritt 2 - Lagefixieren der Einzelteile,
Arbeitsschritt 3 - Ausschweißen der Einzelteile zu einem Bauteil,
Arbeitsschritt 4 - Überprüfen der Schweißnähte des Bauteils und gegebenenfalls Nacharbeit.

Eine wesentliche Einflußgröße beim Schutzgasschweißen ist der Schweißverzug, der während des Arbeitsschrittes 3 "Ausschweißen der Einzelteile" aufgrund der örtlichen Wärmeeinwirkungen auftritt, und zur Veränderung der Gestalt des Bauteiles führen kann /18/. Um den Schweißverzug weitestgehend zu verhindern, ist der ins Bauteil einzubringende Wärmeinhalt möglichst gering zu halten und ein freies Schrumpfen der Anschweißteile anzustreben, was durch die Aufteilung des Ausschweißvorganges entsprechend einem Schweißfolgeplan in Einzelvorgänge möglich wird /4/. Das hat zur Folge, daß eine wechselweise Abfolge der Arbeitsschritte Lagefixieren und Ausschweißen entsprechend dem Schweißfolgeplan auftreten kann, was aber auf den oben genannten Ablauf - bezogen auf das Einzelteil - keine Auswirkungen hat.

Das Ausschweißen stellt somit eine zwar wichtige, aber nicht die einzige Teilverrichtung dar. Beim Industrieroboterschweißen sind daher neben den Arbeitsinhalten während der Zykluszeit[1)] des

1) Die Stückzeit für die Bearbeitung von Bauteilen in Industrierobotersystemen zum Schutzgasschweißen definiert Gzik /9/ in Anlehnung an die REFA-Zeiteinteilung /19/ durch die Anteile der einmaligen produktabhängigen Programmierzeit, der losabhängigen Rüstzeit und der bei jedem Bauteil wirksamen Zyklus- sowie Verteilzeit. Die Zykluszeit beinhaltet einen ab-

Schweißroboters die weiteren Arbeitsschritte und ihre zugeordneten Arbeitsinhalte zu betrachten. Vor allem die nicht vom Industrieroboter auszuführenden Anteile der Verteilzeit innerhalb des Fügeablaufes, wie z.B. das Einlegen und Spannen der Einzelteile bzw. das Entspannen und Entnehmen der Bauteile, erfolgen über den Materialfluß 3. und 4. Ordnung /9/. Der Materialfluß 3. Ordnung entspricht dem Transportvorgang, der die Bereitstellung der Bauteile an dem nachgeordneten Arbeitsplatz für den Handhabungsvorgang beinhaltet. Er stellt somit die Verbindung zwischen den Arbeitsschritten dar. Da es sich dabei lediglich um den Transport von Einzel- oder Bauteilen mit zumeist standardisierten Förderhilfsmitteln handelt, ist der Transportvorgang unabhängig von den jeweiligen Bauteilen und Arbeitsschritten. Diese Aussage gilt nicht nur für den ungeordneten Transport von Einzel- und Bauteilen in Förderhilfsmitteln, sondern auch für den Transport von in Vorrichtungen gespannten Einzel- und Bauteilen, die wiederum bauteilunabhängig über Förderstrecken oder Dreheinheiten von einem zum anderen Arbeitsplatz transportiert werden /4/. Die materialflußtechnische Verknüpfung der Arbeitsschritte läßt sich daher auf den Materialfluß 4. Ordnung reduzieren, weil nur der Handhabungsvorgang direkt von der Ausprägung der jeweiligen Einzel- oder Bauteile abhängig ist.

Die Einordnung und Bewertung der vier Arbeitsschritte soll durch einen Vergleich mit ihren Ausführungsformen bei Schweißanlagentypen ohne Industrierobotereinsatz erleichtert werden: Die Unterschiede hinsichtlich automatisierter Ausführungsmöglichkeit und darstellbarer Flexibilität sowie die daraus abgeleiteten Ansatzpunkte zu ihrer Verbesserung können besser herausgearbeitet werden. Das demnach zu untersuchende Spektrum von Schweißanlagen läßt sich nach abnehmender Flexibilität[2)] und zunehmender Automatisierung[3)] in

---

geschlossenen, automatisch ablaufenden Arbeitsvorgang, womit sie der Zeit vom Programmstart des Industrieroboters bis zum Programmende entspricht.

2) Mit Flexibilität wird die Einsatzfähigkeit eines zu betrachtenden Systems für verschiedenste Aufgaben bezeichnet. Der Begriff der Flexibilität ist, wie schon Scharf /21/ im Zusammenhang mit flexiblen Fertigungssystemen nachweist, jedoch mehrfach besetzt und unscharf. Der Versuch eines allgemeingültigen Ansatzes zur Quantifizierung von Flexibilität ist

- manuelle Schweißarbeitsplätze,
- Industrieroboterschweißsysteme und
- Sonderschweißanlagen

einteilen (vgl. Bild 2).

Der <u>Grad der Flexibilität</u> setzt sich aus einer Einsatz- und einer Anpaßflexibilität zusammen und kann rechnerisch als Zahlenwert zwischen dem minimalen Wert 0 und dem maximalen Wert 1 ausgedrückt werden. Die Einsatzflexibilität ist als Wahrscheinlichkeitsgröße für die Ausführbarkeit der Teilverrichtung definiert. Die Anpaßflexibilität entspricht dem Rüstaufwand des betrachteten Arbeitsplatzes und kann rechnerisch im Verhältnis zu einem Vergleichsarbeitsplatz ermittelt werden. Der Vergleichsarbeitsplatz ist hier sinnvollerweise der manuelle Arbeitsplatz, weil in der Regel die ihn charakterisierenden Daten vorliegen bzw. diese einfach festzustellen sind.

Der <u>Grad der Automatisierung</u> ergibt sich aus der Anzahl der automatisierten Funktionen im Verhältnis zur gesamten Anzahl an Funktionen. Ebenso wie bei der Bewertung der Flexibilität soll bei der Festlegung des Automatisierungsgrades der manuelle Schweißarbeitsplatz als Vergleichsbasis dienen, wobei der Bewertungsfaktor über die Hauptzeiten der jeweiligen Arbeitsschritte berechnet wird.

---

auch in neueren Arbeiten nicht eindeutig gelungen /16,22/. Scharf unterteilt Flexibilität nach Vielseitigkeit und Anpassungsfähigkeit, die mit den Begriffen <u>Einsatzflexibilität</u> und <u>Anpaßflexibilität</u> bezeichnet werden. Damit wird eine sinnfällige Vergleichsmöglichkeit unterschiedlicher Systeme ermöglicht.

3) Automatisierung /23/ ist im Gegensatz zur Flexibilität für das Schweißen über die Bewegungsabläufe der Brennerführung, den Zusatzvorschub und die Nebentätigkeiten eindeutig genormt /24/. Es wird mit zunehmender Automatisierung <u>Handschweißen</u>, <u>Teilmechanisches Schweißen</u>, <u>Vollmechanisches Schweißen</u> und <u>Automatisches Schweißen</u> unterschieden.

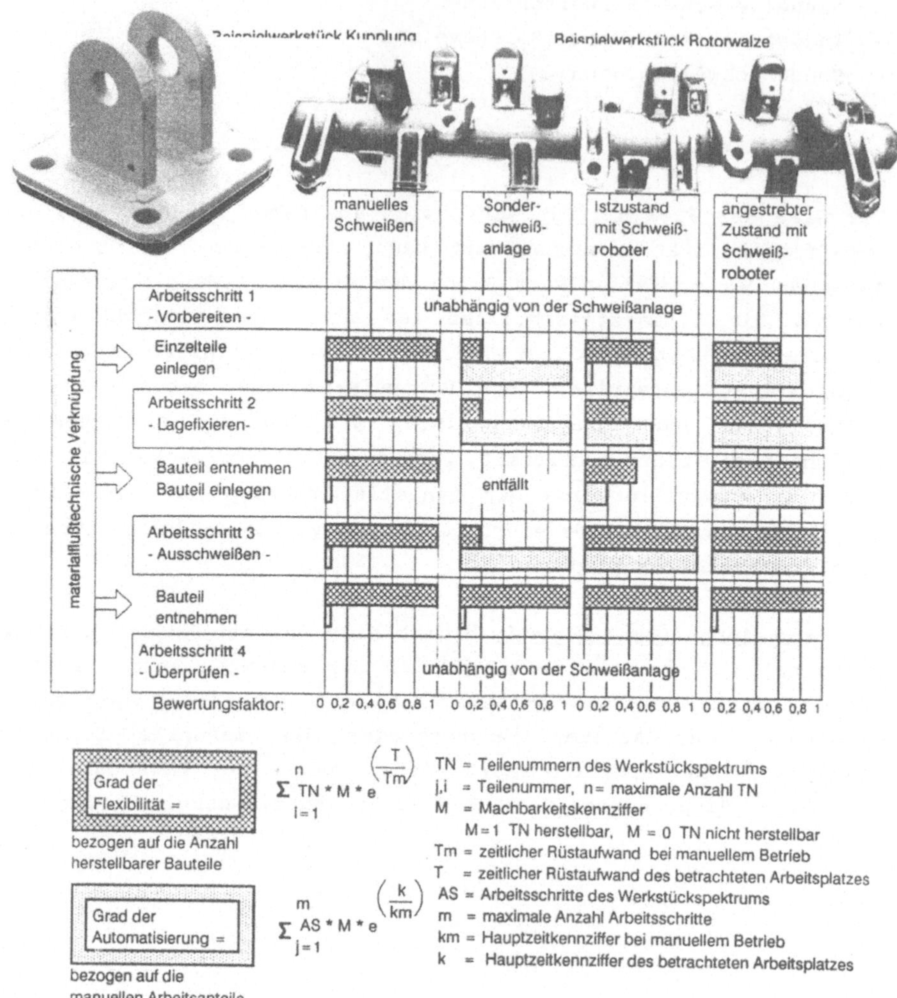

$$\text{Grad der Flexibilität} = \sum_{i=1}^{n} TN \cdot M \cdot e^{\left(\frac{T}{Tm}\right)}$$

$$\text{Grad der Automatisierung} = \sum_{j=1}^{m} AS \cdot M \cdot e^{\left(\frac{k}{km}\right)}$$

Bild 2: **Qualitative Bewertung des Flexibilitäts- und Automatisierungsgrades der Arbeitsschritte bei unterschiedlichen Schweißanlagentypen am Beispiel zweier Bauteile**

Die in Bild 2 dargestellten qualitativen Flexibilitäts- und Automatisierungsgrade ermöglichen einen Vergleich auf der erforderlichen einheitlichen Grundlage, unabhängig von subjektiven

Einschätzungen. Sie verdeutlichen die Unterschiede bei den Arbeitsschritten in den verschiedenen Schweißanlagentypen. Aus dem Vergleich mit dem anzustrebenden Zustand, der einem realistischen Optimum entspricht, ist am Beispiel von zwei Bauteilen, die sich in Bezug auf Geometrie, Anzahl Einzelteile und Schweißnahtlänge stark unterscheiden, das Entwicklungspotential vor allem für einen automatisierten Arbeitsschritt Lagefixieren und dessen Handhabungsvorgänge in diesem Bild ablesbar. Nach dem heutigen Stand der Entwicklung steht dem jedoch die nur selten realisierte Verknüpfung des Lagefixierens mit dem Ausschweißen zu einem in sich geschlossenen flexiblen und automatisierten Ablauf entgegen. Bezogen auf diese Arbeitsschritte verschlechtert sich daher der Automatisierungsgrad bei sinkenden Stückzahlen. Dies liegt an dem geringeren Automatisierungs- und Flexibilitätsniveau des Lagefixierens gegenüber dem Ausschweißen und wird durch die Schwierigkeit verstärkt, ihre materialflußtechnische Verknüpfung automatisiert ablaufen zu lassen. Die wissenschaftliche Diskussion hat sich dieses Themas nur in Ansätzen angenommen. Sie konzentrierte sich vielmehr auf die technischen Schwerpunkte wie Schweißtechnik /25/, Sensorik /26/ oder Programmierung /27/. Darüber hinaus beziehen sich die bekannten Methoden und Planungshilfsmittel zur Systemauslegung lediglich auf den Arbeitsschritt Ausschweißen /9/. Die wenigen ganzheitliche Ansätze sind hinsichtlich des betrachteten Bauteilspektrums immer sehr eingeschränkt, beispielsweise für die Schienenfahrzeugindustrie /28/.

Die bisherige ablauforientierte Betrachtung der Arbeitsschritte geht von einer eindeutigen zeitlichen und räumlichen Strukturierung aus, weil sie in der angegebenen Reihenfolge hintereinander an unterschiedlichen Arbeitsplätzen ausgeführt werden. Während des Arbeitsschrittes Lagefixieren werden die Einzelteile zunächst an einem separaten Arbeitsplatz manuell zu einem Bauteil geheftet[4)]. Durch die angebrachten Heftnähte wird dem Industrieroboter für den Arbeitsschritt des Ausschweißens das Bauteil bereits <u>heftge-</u>

4) Unter Heften oder auch Heftschweißen wird das maßgerechte Festlegen von Einzelteilen in ihrer Zuordnung zueinander verstanden, so daß eine stoffschlüssige Verbindung entsteht /10/. Eine Heftnaht ist demnach eine Schweißnaht, mit der die zu fügenden Einzelteile in ihrer Zuordnung zueinander festgelegt werden.

schweißt, also mit einer stoffschlüssigen Verbindung, bereitgestellt. Dieser in Bild 3 mit Variante 1 bezeichnete Ablauf beruht auf einer klaren, auch räumlichen Trennung der einzelnen Arbeitsschritte, und damit der Notwendigkeit ihrer materialflußtechnischen Verknüpfung.

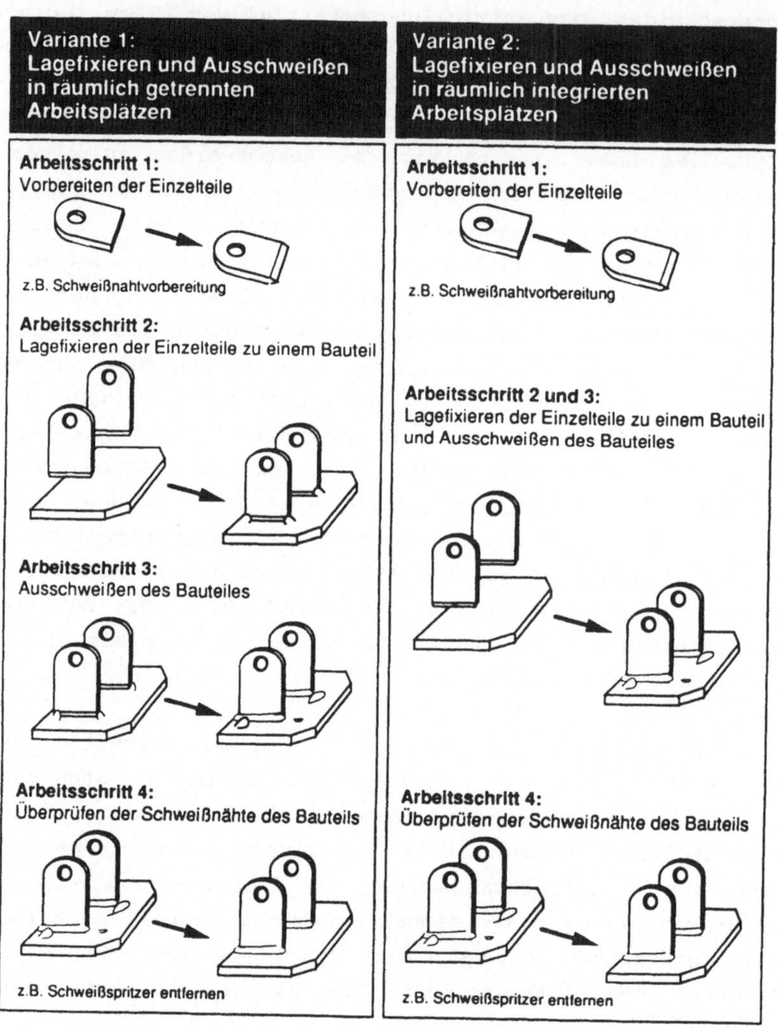

Bild 3: Ablauf in Industrierobotersystemen zum Schutzgasschweißen

Die Alternative hierzu ist das Heftspannen, wobei die Einzelteile durch eine kraftschlüssige Verbindung innerhalb einer Vorrichtung positioniert und gespannt werden. Das Heftspannen und damit die Verbindung der Einzelteile führt in diesem Fall allein die Vorrichtung mit ihren Spannelementen aus. Dieser in Variante 2 dargestellte Arbeitsablauf (siehe Bild 3) läßt nur schwer die räumliche und zeitliche Trennung zwischen dem Arbeitsschritt des Lagefixierens und dem des Ausschweißens erkennen[5)], weil die Vorgänge des Lagefixierens und des Ausschweißens in der gleichen Vorrichtung durchgeführt werden.

2.1.3 Betriebsmittel

Der Industrieroboter stellt stets die zentrale Komponente in Industrierobotersystemen zum Schutzgasschweißen dar (vgl. Bild 4). Schweißroboter[6)] mit Schweißbrenner und schweißtechnischer Ausrüstung sind zwar herstellerabhängig ausgeprägt, das hat jedoch auf ihre einheitliche Funktionsweise keinen Einfluß. Neben dem Schweißroboter werden Industrierobotersysteme von den Ausführungsformen der anderen Betriebsmittel[7)] geprägt. Dabei erfolgt die Auswahl der Betriebsmittel und die Festlegung ihrer Ausführungsform einmalig bei der Konzeption des Industrierobotersystems. In Abhängigkeit von der Veränderung des Bauteilspektrums unterliegen hingegen die Vorrichtungen[8)] einem permanenten Zwang zur Änderung

---

5) Bei einfachen Bauteilen kann ein Heften sogar ganz entfallen. Dagegen müssen bei Bauteilen, bei denen mit einem Verziehen der Einzelteile zu rechnen ist, die Reaktionen des Einzelteiles auf den Schweißprozeß durch einen entsprechend abgestimmten Heft- und Schweißfolgeplan aufgefangen werden.

6) Schweißroboter gehören zu der Klasse der werkzeughandhabenden Industrieroboter. Sie sind in der Regel 6achsig in Form der Vertikal-Knickarmkinematik aufgebaut /29/.

7) Aus der Schweißaufgabe ergeben sich die Ausführungsformen der Betriebsmittel /30/
- Werkzeug (Schweißbrenner mit schweißtechnischer Ausrüstung),
- Werkzeug-Führungselement (Industrieroboter),
- Vorrichtung (Spannvorrichtung für Einzel- und Bauteile),
- Werkstück-Bereitstellungselement (Magazine, Positionierer),
- Werkstück-Handhabungselement (Bediener oder Handhabungsgerät),
- Werkstück-Transportmittel (Gabelstapler).

8) In Anlehnung an Bardeleben /31/ und die Norm /32/ sind Vorrichtungen diejenigen Fertigungsmittel, die an Werkstücke gebunden sind und die unmittelbar in Beziehung zum Arbeitsvor-

bzw. Neukonzeption. Dies erklärt sich aus der zunehmenden Nähe zum Bauteil und dem damit einhergehenden Verlust an universeller Einsetzbarkeit. Während beispielsweise Werkstückpositionierer auf alle Bauteile eines Industrierobotersystemes ausgelegt sind, müssen Schweißvorrichtungen an die Einzelteile angepaßt sein. Da sie unmittelbar mit dem Einzelteil in Kontakt stehen, ist eine bauteilspezifische Ausführung dieser Betriebsmittel notwendig, was zu einer Vielzahl von sich ersetzenden Vorrichtungen führt. Vorrichtungen haben daher einen entscheidenden Einfluß auf die Flexibilität von Industrierobotersystemen.

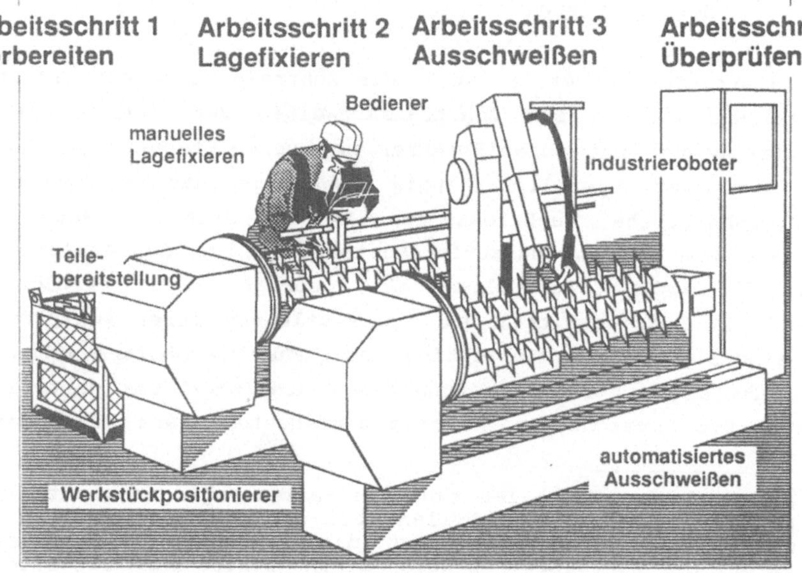

Bild 4: Aufbau von Industrierobotersystemen zum Schutzgasschweißen

Gerade die zeitliche und räumliche Gliederung der Arbeitsschritte Lagefixieren und Ausschweißen in getrennten oder integrierten Arbeitsplätzen ist über die Ausführungsform der Vorrichtungen abzu-

---

gang stehen. Ihre Aufgabe ist es, Werkstücke zu positionieren, zu halten oder zu spannen.

leiten, womit sich der Aufbau eines Industrierobotersystems ergibt.

Die große Anzahl unterschiedlicher Klassifizierungen von Vorrichtungen hat ihre Ursache in dem weiten Umfeld, in dem sie eingesetzt werden. Bekannte Klassifizierungen basieren etwa auf dem Bearbeitungsverfahren, der Werkzeugmaschine, dem Automatisierungsgrad oder den Bauteileigenschaften. Für die Untersuchung der Vorrichtungen beim automatischen Schutzgasschweißen mit Industrierobotern bietet sich der Bezug zu den Arbeitsschritten an. Die bisherigen Definitionsversuche[9)] für Vorrichtungen sind auf den speziellen Fall der Vorrichtungen in Industrierobotersystemen zum Schutzgasschweißen nicht anzuwenden. Es ist daher sinnvoll, die Bestimmung der Vorrichtung den grundlegenden Arbeitsschritten folgen zu lassen. Daraus ergibt sich die begriffliche Einteilung in drei Vorrichtungsgrundtypen (Bild 5):

- Heftvorrichtungen für Einzelteile,
- Ausschweißvorrichtungen für Bauteile,
- kombinierte Heft- und Ausschweißvorrichtungen für Einzelteile.

In einer <u>Heftvorrichtung</u> wird die Lage der Einzelteile relativ zueinander und damit entsprechend ihrer späteren räumlichen Lage im ausgeschweißten Bauteil bestimmt. Diese Lage wird durch einen Vorgang des kraftschlüssigen Fixierens gesichert. In einer solchen Heftvorrichtung werden schweißtechnisch lediglich Heftnähte angebracht. Allerdings entsteht aus den Einzelteilen ein in sich stabiles Bauteil, das den Belastungen durch das Eigengewicht, den Massenkräften infolge Beschleunigungen und den thermischen Spannungen aufgrund des Schweißprozesses standhält. Derart geheftete Bauteile werden dann für den Arbeitsschritt des Ausschweißens in <u>Ausschweißvorrichtungen</u> aufgenommen. Die Ausschweißvorrichtung positioniert und fixiert das Bauteil relativ zum Industrieroboter. Der Unterschied zwischen Ausschweißvorrichtung und Heftvorrichtung

---

9) Eine die Norm /32/ ergänzende Übersicht gibt u.a. Mauri /33/. Selbst für das begrenzte Feld des Vorrichtungswesens beim Schutzgasschweißen ist eine über die Funktionserfüllung hinausgehende Einteilung von Schweißvorrichtungen nicht bekannt, vgl. dazu Martels, Schneider /34/ und Gengenbach /35/.

ist somit über den in ihnen ablaufenden Arbeitsinhalt bestimmt. In Heftvorrichtungen wird die Zuordnung der Einzelteile zueinander vorgenommen, während in Ausschweißvorrichtungen die Zuordnung der bereits verbundenen Einzelteile zum Koordinatensystem des Industrieroboters erfolgt. In Heftvorrichtungen müssen daher naturgemäß alle Einzelteile fixiert werden, während dies in einer Ausschweißvorrichtung bei dem schon in sich stabilen Bauteil nicht notwendig ist.

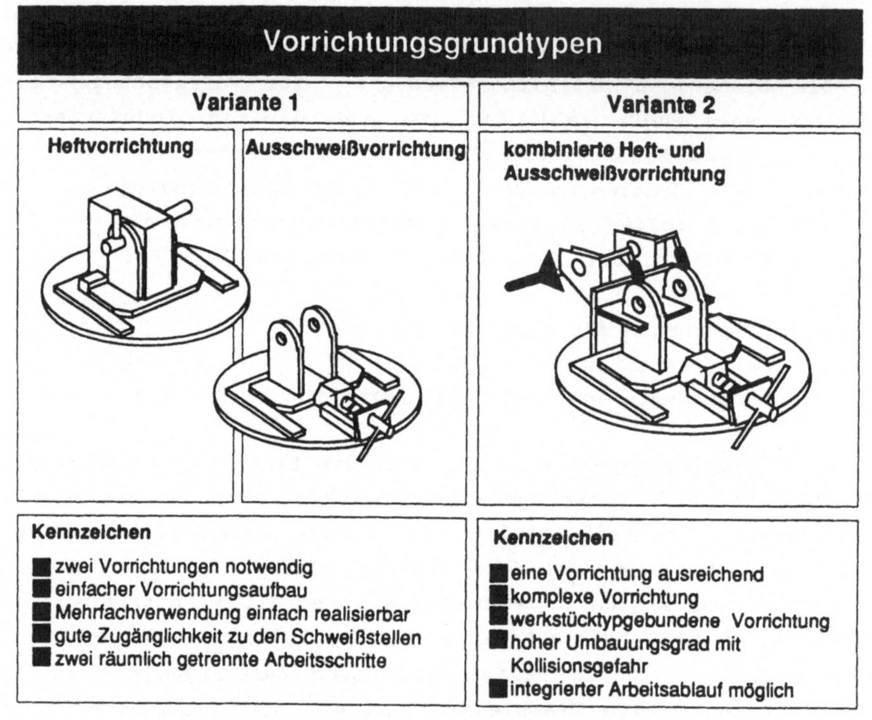

Bild 5: Vorrichtungsgrundtypen am Beispiel eines Bauteils aus dem allgemeinen Maschinenbau (Kupplung)

Die Alternative zur Herstellung eines gehefteten Bauteiles aus Einzelteilen mit anschließendem Ausschweißen dieses Bauteiles in zwei Vorrichtungen ist die Verwendung einer <u>kombinierten Heft- und Ausschweißvorrichtung</u>. Dies entspricht der Ablaufvariante 2 aus dem vorhergehenden Abschnitt. In der kombinierten Heft- und Ausschweißvorrichtung werden die Einzelteile zu einem Bauteil kraftschlüssig gespannt, um in den meisten Anwendungsfällen direkt anschließend am gleichen Ort den Arbeitsschritt des Ausschweißens ausführen zu können.

Die Entscheidung, welcher Vorrichtungsgrundtyp und damit auch welche Ablaufvariante einzusetzen ist, ergibt sich aus der Geometrie des Bauteiles, seinen benötigten Stückzahlen und den vorhandenen Betriebsmitteln. Der Vorteil einer kombinierten Heft- und Ausschweißvorrichtung ist die Integration des Lagefixierens in den Ausschweißvorgang. Die Vielfalt der Einzelteile führt zu einer Vielzahl von Spannaufgaben innerhalb einer solchen Vorrichtung, die sich aus der Anzahl der Einzelteile ableiten lassen. Dies erklärt die erhöhte Komplexität und die notwendige Steifigkeit dieser Vorrichtung, sowie den größeren Aufwand, um die Spannvorgänge automatisiert ablaufen zu lassen. Ein weiterer Nachteil ist die nur selten gewährleistete Zugänglichkeit des industrierobotergeführten Schweißbrenners zu allen Schweißstellen, so daß sich allein aus diesem technischen Grund der Einsatz einer kombinierten Heft- und Ausschweißvorrichtung oftmals verbietet. Da bei einer kombinierten Heft- und Ausschweißvorrichtung jedes Einzelteil in seiner Lage zu positionieren und zu fixieren ist, handelt es sich fast ausnahmslos um bauteilgebundene Vorrichtungen. Ein Umrüsten auf einen anderen Bauteiltyp ist im Gegensatz zu den Heftvorrichtungen und vor allem den Ausschweißvorrichtungen aus technischen und zeitlichen Gründen nur selten realisierbar.

2.2 Arbeitsschritt Lagefixieren

Die Vielzahl unterschiedlicher Ausführungsformen für das Lagefixieren verlangt eine übersichtliche und systematische Gliederung, wenn der Anspruch nach einer vergleichenden Bewertung eingeführter Lösungen und neuer Konzepte erfüllt werden soll. Es muß weiterhin von einer allgemeingültigen Klassifizierung, unabhängig von Bauteilen und der spezifischen Ausprägung von Basis- oder Anschweißteilen ausgegangen werden. Auch die Betriebsmittel eignen sich nicht als Gliederungskriterium, weil gerade sie ein entscheidendes Automatisierungshemmnis und damit ein Untersuchungsschwerpunkt sind. Unter der Zielsetzung, einen automatischen Ablauf zu realisieren, wird daher eine Gliederung nach den einzelnen Funktionen[10] des Lagefixierens vorgeschlagen. Dazu gehören auch die materialflußtechnischen und die betriebsmittelspezifischen Funktionen, weil nur mit ihnen der vollständige Ablauf beschreibbar ist. Eine ablauforientierte Funktionsgliederung weist den Vorteil auf, daß die separate Betrachtung jeder einzelnen Verrichtung innerhalb des Arbeitsschrittes Lagefixieren unabhängig von bestehenden bauteilabhängigen Lösungen oder von Ausführungsformen der Betriebsmittel möglich wird.

Die ablauf- und aufgabenorientierte Funktionsgliederung[11] ordnet die Funktionen (Bild 6) entsprechend ihrem zeitlichen Auftreten: die für das Lagefixieren bereitgestellten Systemobjekte werden über die Funktion Einzelteile handhaben an den gewünschten Ort und in die gewünschte eindeutige Lage im Arbeitsraum gebracht. Üblicherweise wird diese Funktion auch als Einlegen der Einzelteile in die entsprechende Heftvorrichtung bezeichnet. Die Bereitstellung der Einzelteile, also die Teilezufuhr durch den Materialflußvorgang der 4. Ordnung, gehört nicht zum Funktionsumfang des Lagefixierens (vgl. Kapitel 2.1.2). Hieran schließt sich die Funktion Einzelteile spannen an. Sie bestimmt die Zuordnung des Basisteiles gegenüber der Vorrichtung und damit dem Koordinatensystem. In diesen Funktionsablauf fällt auch das definierte Zuordnen und anschließende Fixieren der Lage der Einzelteile zueinander. Die dritte Funktion ist das Bauteil heften selbst, die eine nicht trennbare und damit nicht rückgängig zu machende Verbindung zwischen den Einzelteilen mit einer oder mehreren Heftnähten hergestellt. Bei der letzten durchzuführenden Funktion des Lagefixie-

---

10) Eine systematische Darstellung der Funktionen läßt sich am sinnvollsten mit Hilfe des Systemgedankens erreichen. Ein System mit seinen Systemelementen wird über die ablaufenden Funktionen und die hierzu notwendigen an der Systemgrenze ausgetauschten Systemobjekte und Informationen eindeutig beschrieben /36/. Im System Lagefixieren sollen sämtliche Funktionen des Arbeitsschrittes Lagefixieren strukturiert enthalten sein.

11) Also beinhaltet das Lagefixieren alle diejenigen Funktionen, die aus den eingehenden Systemobjekten Anschweiß- und Basisteil das ausgehende Systemobjekt Bauteil herstellen. Dabei bestimmt das Spannen die Lage der Einzelteile nur temporär, während die Lage der Einzelteile nach dem Funktionsdurchlauf des Heftens permanent festliegt.

rens handelt es sich um die Funktion Bauteil handhaben. Mit dieser Funktion wird die räumliche Trennung zwischen Heftvorrichtung und Bauteil vollzogen.

	Beispiel:
Funktion 1: Einzelteile Handhaben	
- Teilfunktion 1.0: Funktionsträger rüsten - Teilfunktion 1.1: Einzelteil greifen - Teilfunktion 1.2: Einzelteil bewegen - Teilfunktion 1.3: Einzelteil positionieren	Basisteil bzw. Anschweißteil in Vorrichtung einlegen
Funktion 2: Einzelteile Spannen	
- Teilfunktion 2.0: Funktionsträger rüsten - Teilfunktion 2.1: Einzelteilelage bestimmen - Teilfunktion 2.2: Einzelteil abstützen - Teilfunktion 2.3: Einzelteil fixieren	Lage der Anschweißteile gegenüber dem Basisteil sichern
Funktion 3: Bauteil Heften	
- Teilfunktion 3.0: Funktionsträger rüsten - Teilfunktion 3.1: Werkzeug bewegen - Teilfunktion 3.2: Werkzeug positionieren - Teilfunktion 3.3: Einzelteile verbinden	Schweißtechnische Verbindung zwischen den Einzelteilen vornehmen (manuelles Heften)
Funktion 4: Bauteil Handhaben	
- Teilfunktion 4.0: Funktionsträger rüsten - Teilfunktion 4.1: Bauteil entspannen - Teilfunktion 4.2: Bauteil greifen - Teilfunktion 4.3: Bauteil bewegen	geheftetes Bauteil aus der Vorrichtung entnehmen

Bild 6: Funktionsumfänge des Lagefixierens

Die genannten Funktionen erfüllen also entsprechend dem Terminus Lagefixieren Aufgaben zur Veränderung der räumlichen Lage oder zur Fixierung der Systemobjekte. Die bisher geschilderte Situation beim Lagefixieren bestätigt sich bei der Untersuchung gebräuchlicher und eingeführter Funktionsträger: beinahe durchgängig ist der geringe Automatisierungsgrad festzustellen, weil die Teilfunktionen Greifen, Bewegen und Positionieren der Systemobjekte selbst in flexiblen Schweißsystemen vornehmlich durch manuell bediente Funktionsträger[12)] vorgenommen werden. Der Einsatz von Handha-

---

12) Die Funktionsträger bilden jeweils für sich oder zusammengesetzt die Systemelemente, die den Betriebsmitteln eines Arbeitsplatzes zum Lagefixieren entsprechen. Im Unterschied zu Systemobjekten, deren Gestalt sich vom Systemeintritt zum Systemaustritt verändert, unterliegen die Systemelemente keinen Veränderungen.

bungsgeräten zum Handhaben der Einzelteile in die Heftvorrichtung ist trotz teilweise gelöster technischer Machbarkeit unter wirtschaftlichen Gesichtspunkten bei den aufgestellten organisatorischen Randbedingungen nur sehr schwer zu rechtfertigen, weshalb auf den Bediener zum Einlegen der Einzelteile bisher nur selten verzichtet werden kann. Gleiches gilt für Schweißroboter, die mit Greifwerkzeugen ausgerüstet sind und die Funktion "Einzelteile handhaben" übernehmen. Einige bekannte Lösungen weisen zwar einen hohen Automatisierungsgrad auf, verfügen jedoch nur über eine geringe Flexibilität, weil die sich ändernden bauteilbedingten Verhältnisse einen hohen Aufwand bei Los- und Produktwechseln bewirken: Am Beispiel eines vollautomatischen Industrieroboterschweißsystemes auch für das Lagefixieren und Verschleifen /17/ wird durch die Integration der Funktionen Handhaben, Spannen und Heften in die Zykluszeit des Industrieroboters gegenüber einem manuellen Lagefixieren zwar die vollständige Reduzierung der Verteilzeit deutlich. Jedoch zeigt sich, daß die Flexibilität wegen der hohen Rüstaufwendungen eingeschränkt ist und es wegen der notwendigen Peripherie mit Vorrichtungen, Werkzeugwechseleinheiten für Greifer, Schweißbrenner, und Schleifwerkzeug zusätzlicher Investitionen bedarf. Die Teilfunktionen für das Rüsten der Funktionsträger können nur bedingt in den automatisierten Ablauf integriert werden, weil die Vorrichtungen nur mit manuellem Aufwand oder gar nicht auf ein anderes Bauteil umzurüsten waren. An Hand dieser Lösung wird die enge Verzahnung der Funktionen "Einzelteile handhaben" und "Einzelteile spannen" anschaulich, denn ein automatisiertes Spannen aller Einzelteile erfordert komplexe Heftvorrichtungen und hat damit allein aus Gründen der Zugänglichkeit Auswirkungen auf das Einlegen der Einzelteile in die Heftvorrichtung. Dieser Problematik beim "Einzelteile spannen" wird dadurch begegnet, daß mit Weiterentwicklungen bei den Vorrichtungselementen flexiblere Heftvorrichtungen geschaffen werden sollen, und daß andererseits Versuche unternommen werden auf Heftvorrichtungen ganz zu verzichten, auf die im einzelnen noch einzugehen ist.

Bisher sind nur sehr wenige Lösungen für das anschließende "Bauteil heften" bekannt bei der das Anbringen von einzelnen Heftnähten mit Schweißrobotern vorgenommen wird. Dies liegt an dem im Verhältnis zum Ausschweißen sehr viel kürzeren Nahtlänge, so daß eine produktive Auslastung des Schweißroboters nur selten nachzuweisen ist, zumal die anderen Funktionen von diesem Automatisierungsansatz nicht betroffen sind und weiterhin manuell vorgenommen werden.

Das "Bauteile handhaben" unterliegt geringeren Anforderungen als das "Einzelteile handhaben", weil es sich lediglich um einen einzigen Handhabungsvorgang handelt und keine Positionieraufgaben notwendig werden.

2.2.1 Lagefixieren mit Heftvorrichtungen

Heftvorrichtungen werden dann benötigt, wenn die positionierten Einzelteile in ihrer Lage bestimmt, abgestützt und kraftschlüssig fixiert werden sollen. Bei den verschiedenen Varianten für die Funktion "Einzelteile spannen" sind die bestimmenden, stützenden und fixierenden Funktionsträger[13)] zu unterscheiden. Die stützenden Funktionsträger sind aufgrund ihrer Funktionserfüllung passiv ausgeführt, während die bestimmenden Funktionsträger teilweise und die fixierenden Funktionsträger grundsätzlich aktive Bewegungen ausführen. Der Automatisierungsgrad ist für die Bewegungen vernachläßigbar, weil ein Spannhebel manuell, pneumatisch oder hydraulisch bedient und der Vorgang manuell oder über eine Steuerungseinheit ausgelöst werden kann. Somit ist eine Erhöhung des Automatisierungsgrades sehr einfach zu realisieren. Automatisierte Funktionsträger stehen also zur Verfügung, aber ihre Flexibilität genügt nicht den gestellten Ansprüchen, weil die Funktionsträger für die Funktionserfüllung zumeist nur auf ein Bauteil ausgelegt sind. Verändern sich die geometrischen Verhältnisse von einem Bauteil zu einem anderen Bauteil, kann der Funktionsträger für das Fixieren nicht an dem gleichen Ort und an der gleichen Fläche des Einzelteiles angreifen. Solche auf einen Bauteiltyp ausgelegten Spezialvorrichtungen /38/ haben den niedrigsten Flexibilitätsgrad im Sinne der vorgenommenen Definition, weil

---

13) Es handelt sich dabei um Bestimm- und Stützelemente zum Aufnehmen und Anschlagen der Einzelteile, um Spannelemente zum Ausführen des Positionier- und des Fixiervorganges, sowie um den Vorrichtungskörper mit seinen Verbindungselementen /37/.

Spezialvorrichtungen nur für ein Bauteil angefertigt und somit nicht umbaubar oder mehrfach verwendbar sind.

Die Einsatzflexibilität der Funktionsträger läßt sich über ihre Mehrfachverwendung, die Anpaßflexibilität über ihre Eignung zum Umrüsten der betreffenden Funktionsträger ermitteln (vgl. Bild 7). Die Flexibilität der Heftvorrichtungen hängt also davon ab, ob die Funktionsträger umbaubar oder verstellbar sind. Im Gegensatz zu den Spezialvorrichtungen verfügen Universalvorrichtungen /39,40/ über eine derart erhöhte Flexibilität. Es handelt sich dabei, mit abnehmender Einsatzflexibilität für verschiedene Bauteiltypen, um

- Vorrichtungen zum freien Positionieren,
- Gruppenvorrichtungen,
- Baukastenvorrichtungen und
- Spezialvorrichtungen auf Trägerplatten.

Vorrichtungen zum freien Positionieren lassen sich einfach und automatisiert auf verschiedene Bauteile umstellen, weil die Funktionsträger aktiv bewegbar und damit frei im Raum positionierbar sind, was sich entscheidend auf die Einsatzflexibilität auswirkt. Die Anpaßflexibilität weist kein vergleichbar hohes Niveau auf, weil die komplexe Bewegungsführung der Funktionsträger ein Umrüsten nur in eingeschränkten Grenzen erlaubt. Positioniervorrichtungen haben in Einzelfällen ihre Bedeutung und ihre Praxistauglichkeit nachweisen können /28/. Jedoch ist eine allgemeine Anwendbarkeit noch nicht erreicht, weil ihre Flexibilität nur auf ein eingeschränktes Bauteilspektrum beschränkt ist. Gerade bei Positioniervorrichtungen wird die besondere Problematik der Heftvorrichtungen deutlich, die darin liegt, daß viele Einzelteile zu einem Bauteil gespannt werden müssen. Somit müssen für jedes Einzelteil alle Teilfunktionen wirksam werden, was eine Automatisierung bei gleichzeitiger Erhöhung der Flexibilität erschwert. In Gruppenvorrichtungen können mit derselben Heftvorrichtung Bauteilfamilien gespannt werden. Diese Bauteilfamilien müssen über eine einheitliche Spannlage verfügen, also für die Zugriffsstellen der Funktionsträger gleiche geometrische Verhältnisse aufweisen. Solche Heftvorrichtungen, die ohne Umrüsten der Funktionsträger auskommen, sind nur für eingeschränkte Bauteilspektren geeignet.

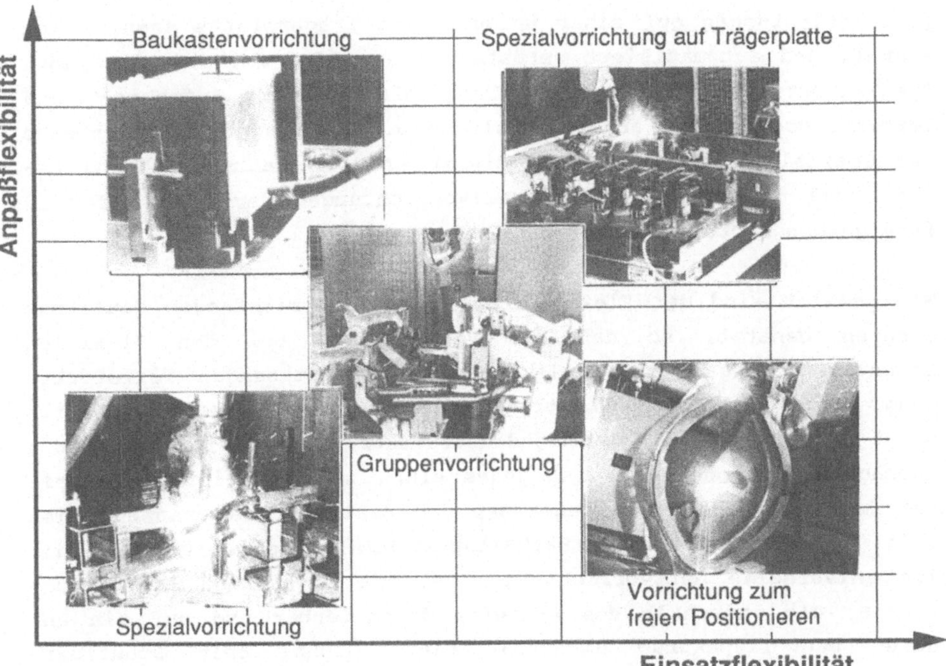

Bild 7: Qualitative Bewertung der Flexibilität von Lösungen für das Lagefixieren mit Heftvorrichtungen (bildliche Darstellungen entsprechen Ausführungsbeispielen)

Eine verbesserte Anpaßflexibilität bieten Baukastenvorrichtungen /41/. Aus einem Baukastensystem von Normteilen werden die einzelnen Funktionsträger außerhalb des Arbeitsplatzes zu einer Heftvorrichtung zusammengesetzt. Die positive Beurteilung der Flexibilität bezieht sich also nicht auf die Anwendung beim Lagefixieren selbst, sondern vielmehr auf die Herstellung der Vorrichtung durch Mehrfachverwendung von Spannmitteln. Unter ablauforientierten Gesichtspunkten müssen daher Baukastenvorrichtungen als wenig geeignet bezeichnet werden, weil das Rüsten nicht in den Ablauf integriert ist, und ihre Einsatzflexibilität vergleichbar mit der von Spezialvorrichtungen ist. In zunehmendem Maße finden Heftvorrichtungen Anwendung, die über einen werkstücktypgebunden und einen universellen Teil verfügen /37,42/. Solche Spezialvorrichtungen auf einer universellen Trägerplatte lassen sich schnell und automatisiert umrüsten, indem eine werkstückangepaßte Spezialvorrichtung auf der Trägerplatte mit Aufnahme- und Verbindungselementen ausgewechselt wird. Damit sind die Nachteile der Spezialvorrichtungen auch dieser Art von Heftvorrichtung eigen, weil die Anzahl der Spezialvorrichtungen der Anzahl der zu fertigenden Bauteile entspricht.

Wie gezeigt sind der Flexibilität von Heftvorrichtungen deutliche Grenzen gesetzt, so daß die Verhältnisse bei den flexiblen Spannvorrichtungen, beispielsweise aus der spanenden Teilefertigung, nicht annähernd übertragbar sind /44/. Es werden nämlich nicht nur an einem aufzunehmenden Grundkörper Bearbeitungsaufgaben durchgeführt, sondern es ist jedes einzelne Anschweißteil in seiner Lage zueinander und gegenüber dem Basisteil zu spannen. Dies läßt, in Abhängigkeit vom Bauteilspektrum, in den seltensten Fällen universelle Heftvorrichtungen zu, wie etwa Baukastenvorrichtungen, die innerhalb des Ablaufes demontierbar und auf ein anderes Bauteilspektrum umrüstbar sind. Obwohl beim Schutzgasschweißen im Vergleich zur spanenden Teilefertigung nur Bearbeitungskräfte infolge des Schweißverzuges[14)] aufzunehmen sind, wird die Komplexität der Spannaufgabe durch das verfahrensbedingte Auftreten von Schweißspritzern noch verstärkt. Die Zusammenfassung mehrerer Bauteile auf einer Gruppenvorrichtung ist ebenfalls die Ausnahme, so daß das Lagefixieren in Schweißarbeitsplätzen mit Industrierobotern überwiegend mit Spezialvorrichtungen und manueller Teilebeschickung vorgenommen werden muß.

---

14) Der Einsatz steif ausgeführter Vorrichtungen ist nur eine von mehreren Möglichkeiten für ein verzugarmes Schweißen. Vorzugsweise sollten die bereits in Kapitel 2.1.2 angesprochene Reduzierung des Wärmeinhaltes im Bauteil und der Heftfolgeplan dazu genutzt werden, den Verzug zu minimieren, da mit Hilfe von Vorrichtungen, zwar der Verzug, aber nicht der Aufbau von Eigenspannungen vermindert werden kann /45/.

Aufgrund der analysierten Gegebenheiten beim Einsatz von Heftvorrichtungen werden auch die anderen Funktionen des Lagefixierens vornehmlich manuell realisiert. Dem Einsatz eines Industrieroboters als Funktionsträger für die materialflußtechnischen Teilfunktionen, also für die Handhabung der Einzelteile und die Werkzeugbewegung beim Heften, steht seine geringe Auslastung, sowie die Komplexität der Bewegungen, die aus der Kollisionsgefahr mit der Heftvorrichtung resultiert, entgegen.

2.2.2 Lagefixieren ohne Heftvorrichtungen

Die Unterscheidung zwischen einem Lagefixieren mit und ohne Heftvorrichtung liegt in den Funktionsträgern für die Funktion "Einzelteile spannen". Ansätze, bei denen auf Heftvorrichtungen verzichtet werden kann, bilden Lösungen, bei denen die Funktionen "Einzelteile handhaben" und "Bauteil heften" direkt aufeinander folgen, wodurch eine automatisierte Handhabung der Systemobjekte unterstützt wird. Das gilt besonders für Anschweißteile, hingegen weniger für Basis- oder Bauteile, deren Gewichte und Abmessungen sich automatisierungshemmend auf die Handhabung auswirken.

Daß für ein derartiges Lagefixieren ohne Heftvorrichtungen praxistaugliche Funktionsträger zur Verfügung stehen, zeigt sich bei Sonderschweißmaschinen, die aber mit ihren hohen Stückzahlen nicht die angestrebten organisatorischen Rahmenbedingungen abdecken. Die Handhabung der Anschweißteile wird zumeist mit Handhabungsgeräten ausgeführt, die die Anschweißteile greifen und gegenüber dem Basisteil positionieren. Der dann auszuführende Vorgang des Verbindens wird durch Schutzgasschweißen vorgenommen, indem eine Heftnaht angebracht wird.

Da die Positionieraufgabe in der Regel eine hohe Beweglichkeit verlangt, was mehr als drei Achsen erfordert, sind einfache Handhabungsgeräte bei wechselnden Bauteiltypen nicht geeignet. Prädestiniert für diese Aufgabe ist der Industrieroboter: wenn zwei Industrieroboter /45/ gleichzeitig eingesetzt werden, der eine zum Bewegen und Positionieren der Einzelteile und der andere zum Bewegen und Positionieren des Schweißbrenners, ist der gewünschte Ablauf realisierbar. Die unterschiedliche Auslastung der beiden Industrieroboter kann durch Verlagern von Ausschweißaufgaben auf den geringer ausgelasteten Handhabungsroboter ausgeglichen werden. Der enorme Aufwand für die Programmierung, sowie die Kollisionsgefahr der Industrieroboter, dürfen bei einer Beurteilung nicht vernachlässigt werden. Die Integration der Funktionen "Anschweißteile handhaben" und "Bauteile heften", in ein Gerät, erlaubt ein Zwei-Armroboter /46/. Der eine Arm des Industrieroboters ist hierbei für die Handhabungs-, der andere für die Verbindungsaufgaben zuständig. Obwohl es sich um ein Gerät handelt, muß man die beiden Arme als jeweils eigenständige Industrieroboter bezeichnen, weil sie jeweils über fünf bzw. sechs NC-gesteuerte Achsen verfügen. Diese Lösung weist zusätzlich zu dem noch höheren baulichen Aufwand, weil auf Standardkomponenten nur in sehr begrenztem Umfang zurückgegriffen werden kann, die gleichen Nachteile wie die Systeme mit zwei Industrierobotern auf.

Alle bekannten Lösungen ohne Heftvorrichtungen zeichnen sich dadurch aus, daß sie einen hohen Automatisierungsgrad aufweisen, und daß in demselben Arbeitsplatz Lagefixieren und Ausschweißen vorgenommen werden können, ohne die Nachteile der Ablaufvariante 2 in Kauf nehmen zu müssen (vgl. Abschnitt 2.4). Auch die Flexibilität dieses Lösungsansatzes, mit Ausnahme der Sonderschweißmaschine, ist positiv zu bewerten, wie aus Bild 8 ersichtlich wird. Entscheidender Nachteil für solche Lösungen ohne Heftvorrichtungen ist aber der Aufwand, so daß allein wirtschaftliche Gründe den Einsatz verbieten.

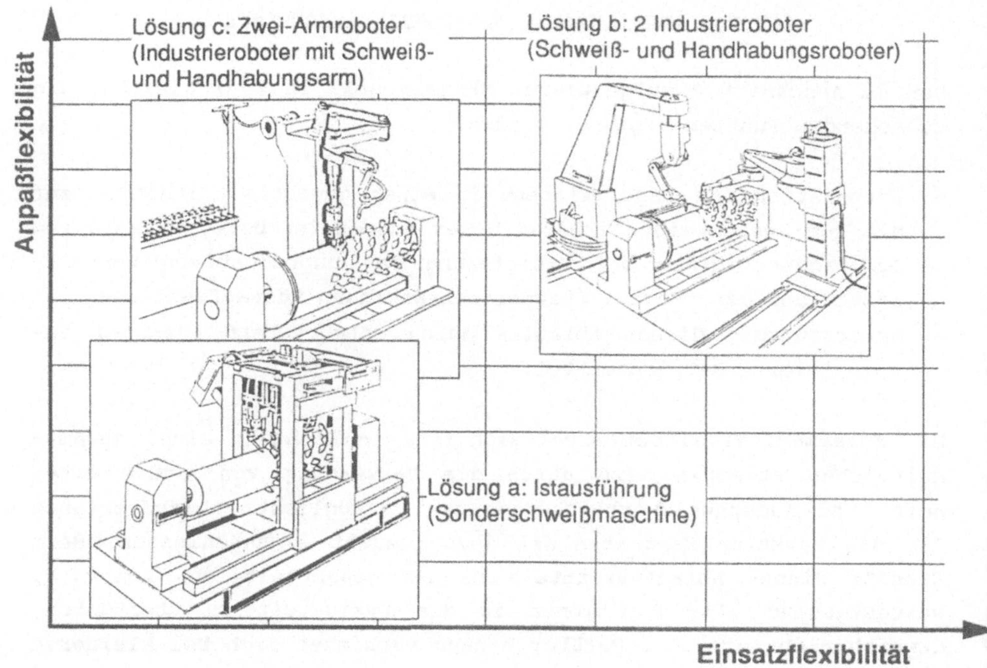

Bild 8: Qualitative Bewertung der Flexibilität von Lösungen für das Lagefixieren ohne Heftvorrichtungen

3 Aufgabenstellung für die Entwicklung eines Verfahrens für das Lagefixieren mit Industrierobotern

Den im Abschnitt 2 aufgezeigten Mängeln soll in zwei gleichwertig zu sehenden Punkten begegnet werden:

- Integration des Lagefixierens in einen gesamtheitlichen Ablauf mit dem Ausschweißen innerhalb des Industrierobotersystemes zum Schutzgasschweißen bei Minimierung der unproduktiven Verteilzeiten und der flexibilitätseinschränkenden Rüstaufwendungen,
- Unterstützung dieses Ablaufes durch entsprechend flexibel automatisierte Betriebsmittel.

Die Zusammenfassung der Arbeitsschritte in Richtung eines gesamtheitlichen Ablaufes wird durch die Verwendung von kombinierten Heft- und Ausschweißvorrichtungen zwar ermöglicht (Ablaufvariante 2), die Funktion Handhaben ist jedoch nicht eingeschlossen. Beim Einsatz dieser Ablaufvariante wird der gesamtheitliche Anspruch, weitestgehend alle Funktionen in die Zykluszeit zu überführen, demnach nicht erfüllt. Darüber hinaus verbietet sich bei kleineren und mittleren Losgrößen sein Einsatz wegen des Vorrichtungsaufwandes und der eingeschränkten Flexibilität, zumal die erhöhte Gefahr von Kollisionen mit Teilen solcher Vorrichtungen aufgrund der eingeschränkten Zugänglichkeit zu den Heftfugen besteht. Daher ist für ein flexibles Industrierobotersystem zum Schutzgasschweißen, das eher den Bereich der mittleren und kleineren Losgrößen mit großer Typenvielfalt abdeckt, ein Verzicht auf kombinierte Vorrichtungen zu Gunsten von getrennten Heftvorrichtungen und Ausschweißvorrichtungen anzustreben. Dies entspricht der Ablaufvariante 1 und erfordert die getrennte Durchführung der Arbeitsschritte Lagefixieren und Ausschweißen.

Beim Lagefixieren ist aus den gezeigten Gründen, die automatische Ausführung der Funktion Handhaben bei den genannten organisatorischen Randbedingungen noch nicht gelöst, obwohl mit dem Industrieroboter ein für diesen Funktionsumfang vielfach bewährtes Fertigungsmittel zur Verfügung steht, das gleichermaßen für die Werkzeughandhabung (Schweißbrenner) und Werkstückhandhabung (Anschweißteil) geeignet ist. Will man diese Möglichkeiten des

Schweißroboters konsequent nutzen, so ist der Schweißroboter auch für die Handhabung der Einzelteile einzusetzen. Die zentrale Aufgabe besteht demnach darin, den Ablauf für die Funktionen Handhaben, Spannen, Heften so zu gestalten, daß diese ohne manuelle Eingriffe von einem Schweißroboter auszuführen sind, unter der Voraussetzung, daß die Zeitdauer zur Bewältigung dieser Umfänge gegenüber den bekannten Lösungen nicht erhöht, sondern vielmehr reduziert wird.

Aus diesen Forderungen leitet sich die Aufgabenstellung für die Entwicklung alternativer Verfahren für das Lagefixieren ab: Zunächst sind basierend auf den Teilfunktionen neue Lösungsansätze zu erarbeiten, die bei den analysierten Schwachpunkten bekannter Lösungen ansetzen, um dann die einzelnen gewählten Funktionsträger zu Alternativabläufen entsprechend dem gewünschten Arbeitsschritt Lagefixieren zu verbinden. Obwohl bekannt ist, daß Heftvorrichtungen bei optimaler Auslegung auf ein Bauteil an Flexibilität einbüßen, soll zunächst keiner der beiden Wege - mit und ohne Heftvorrichtungen - grundsätzlich ausgeschlossen werden. Vor diesem Hintergrund sind vor allem bei den Funktionsträgern für das Spannen neue Lösungen zu entwickeln, oder es ist der Versuch zu unternehmen, auf diese Funktion und damit auf Heftvorrichtungen ganz zu verzichten. Letztendlich kann eine Beurteilung und Auswahl der zu diskutierenden Lösungsansätze nur durch einen experimentellen Nachweis der Machbarkeit der theoretisch entwickelten Abläufe vorgenommen werden. Der experimentelle Nachweis soll dabei mit einem Versuchswerkstück erfolgen. Dieses kann nur eine begrenztes Werkstückspektrum abdecken, erlaubt aber dennoch die Vergleichbarkeit von unterschiedlichen Verfahren und läßt die Übertragbarkeit bei sinnvoller und repräsentativer Auswahl auf andere Verhältnisse zu.

Für die ausgewählte Lösung zum Lagefixieren mit Schweißrobotern müssen die notwendigen fertigungstechnischen, konstruktiven, organisatorischen und das Ausschweißen betreffenden Maßnahmen präzisiert werden. Diese Maßnahmen ergeben sich aus den in theoretischen und experimentellen Untersuchungen zu gewinnenden Erkenntnissen, und sie sind bis zu einer prototypischen Realisierung eines praxistauglichen Lagefixierens in einem Industrierobotersystem zum Schutzgasschweißen umzusetzen. Um den automatischen Ablauf sicherzustellen, ist neben den Werkzeugen für die Funktionsumfänge eine Ablaufsteuerung zu entwickeln, die kompatibel an die bekannten Steuerungen von Schweißrobotern für den Ausschweißvorgang anzupassen ist, und somit beide Arbeitsschritte zu einem geschlossenen automatischen Ablauf zusammenführt.

4 Diskussion alternativer Lösungen für das Lagefixieren

4.1 Entwicklung alternativer Lösungen

Eine morphologische Lösungssystematik[1] bietet sich bei der Entwicklung und Lösungsfindung an, weil mit einem solchen, gestuften Vorgehen eine Vielzahl von Ansätzen für die einzelnen Funktionsträger erarbeitet werden kann. Dabei werden zunächst alle Varianten betrachtet, unabhängig von ihrer wirtschaftlichen Einsetzbarkeit. Erst in einem zweiten Schritt erfolgt die Kombination der Einzellösungen für die Funktionsträger zu Systemelementen und die Entwicklung einer Gesamtlösung.

Die Gliederung des morphologischen Kastens ist ablauforientiert und stimmt mit den bisher gebildeten Funktionen und Teilfunktionen überein. Bei der Aufstellung von Funktionsträgern wird der Versuch unternommen, umfassend alle Möglichkeiten einzuschließen. Die Teilfunktion Greifen veranschaulicht dieses Bestreben, weil ausgehend vom manuellen mechanischen Greifen, der mechanische Kraft- und Formschluß, sowie andere physikalische Wirkprinzipien mit magnetischer oder pneumatischer Krafterzeugung betrachtet werden. Bei den Teilfunktionen, die Bewegungsaufgaben zu erfüllen haben, ist wiederum die ganze Bandbreite der Möglichkeiten von der manuellen Ausführung mit einem Einleger, über Verfahrachsen und Handhabungsgeräte, bis hin zu Industrierobotern angeführt. Die Vollständigkeit bei der Bildung der Funktionsträger ist schwierig zu überprüfen, jedoch ist ein Hinweis auf die Vollständigkeit über die bestehenden Lösungen abzuleiten, die komplett berücksichtigt sein müssen. An Hand der bestehenden Lösungen ist auch die Widerspruchsfreiheit der gebildeten Teilfunktionen und der Funktionsträger überprüfbar. Zum Nachweis sind beispielhaft einige der Lösungen in Bild 9 kenntlich gemacht.

Der morphologische Kasten für das Lagefixieren ist insofern einzuschränken, als nur die Funktionen betrachtet werden, die Anschweißteile betreffen. Die Handhabung der Basisteile und der ge-

---

1) Eine morphologische Lösungsfindung erlaubt die Entwicklung geeigneter Varianten für die einzelnen Funktionsträger und ihre Synthese zu sinnvollen Gesamtlösungen, die sich aus den erarbeiteten Systemelementen zusammensetzen /47, 48/.

hefteten Bauteile soll unberücksichtigt bleiben, weil nicht davon auszugehen ist, daß für Anschweiß- und Basisteil die gleichen Systemelemente eingesetzt werden können. Da die Handhabung von Basis- und Bauteil nur einmal, die Handhabung der Anschweißteile aber mehrfach anfällt, ist der größere und komplexere Arbeitsinhalt abgedeckt, zumal die automatisierte Handhabung von Basis- und Bauteil vielfach gelöst ist und sich dadurch kein Erkenntniszuwachs ergibt.

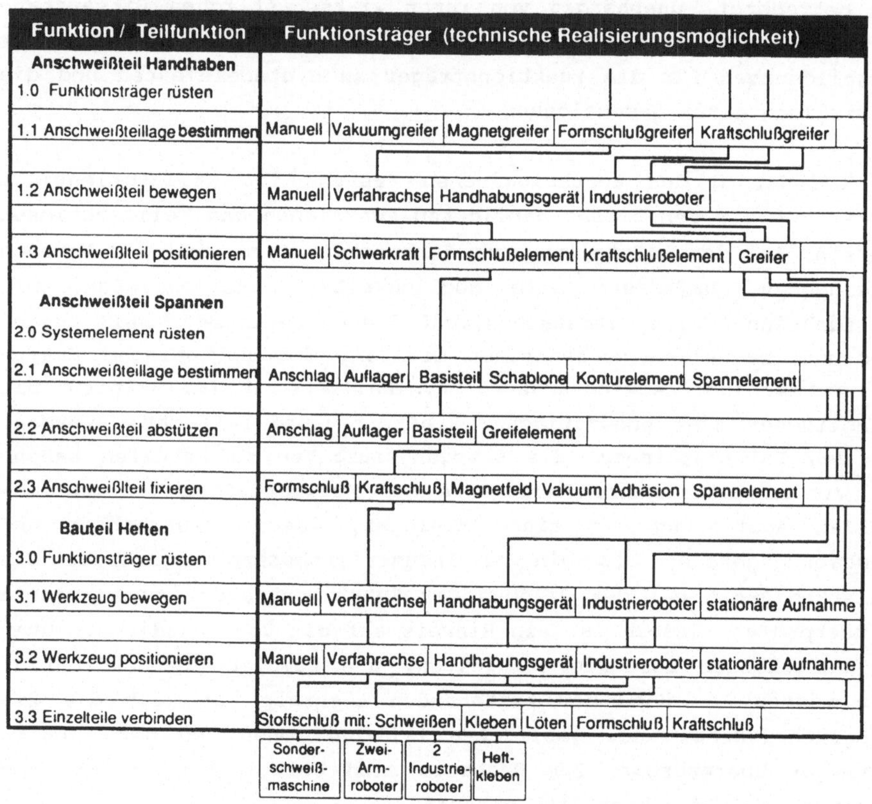

Bild 9: Morphologischer Kasten für das Lagefixieren

Die Diskussion der Funktionsträger wird zunächst funktionsorientiert vorgenommen. Die Handhabung der Anschweißteile ist zwar die erste Funktion, sie hat sich aber den nachfolgenden Funktionen unterzuordnen, weil sich erst aus ihnen die Anforderungen an die Funktionsträger ergeben, etwa ob Heftvorrichtungen eingesetzt oder nicht eingesetzt werden. Mit Handhabungsgeräten oder Industrierobotern stehen flexible Funktionsträger zur Verfügung, die kompatibel zu sämtlichen Funktionsträgern für das Greifen der Anschweißteile sind, so daß ihre Anpassung an die anderen Funktionsträger grundsätzlich möglich und damit der gewünschte flexible Funktionsträger gefunden ist.

Beim Einsatz von Heftvorrichtungen wird die zweite Funktion durchlaufen, und es müssen Lösungen gesucht werden, die das Rüsten der Funktionsträger in den Ablauf integrieren. Die verwendeten Funktionsträger sind derart zu gestalten, daß sie den Anforderungen in Bezug auf die Anpaßflexibilität genügen. Die Einzelteillage ist mit einer Vielzahl von Varianten zu bestimmen, die mit den Oberbegriffen Anschläge bzw. Anschlagleisten[2)] zusammengefaßt sind. Das Abstützen erfordert hingegen Auflager. Oft kann das Basisteil selbst sehr gut als Funktionsträger hierfür dienen, wenn Geometrieelemente am Basisteil vorhanden sind, die ein definiertes Ein- und/oder Anlegen der Anschweißteile erlauben. Vor allem für die Teilfunktion "Anschweißteil abstützen" bietet sich das Basisteil geradezu an, denn das Anschweißteil muß entsprechend der Schweißfuge auf dem Basisteil aufsitzen.

Die automatisierte Ausführung des Rüstens mit einem Stecksystem[3)] und einem Industrieroboter erlaubt eine Heftvorrichtung bei der Spannmittel in ein Lochmuster auf dem Trägerkörper gesteckt werden. Die Anforderungen an Genauigkeit und Sauberkeit sind bei dieser Lösung sehr hoch, so daß beispielsweise der Abschirmung vor Schweißspritzern besondere Aufmerksamkeit geschenkt werden sollte. Allerdings muß die Flexibilität als hoch bezeichnet werden und auch die Integration in einen automatisierten Gesamtablauf ist realisierbar.

---

2) Eine feinere Einteilung etwa in Auflageflächen, Auflagebolzen, Unterlegscheiben u.s.w. ist nicht sinnvoll, weil diese sich nach den geometrischen Verhältnissen des Bauteilspektrums richten.

3) Diesen Steckvorgang führt der Schweißroboter mit einem speziellen Greifer aus. Mit einer zentralen Verriegelungseinheit werden die Spannmittel nach der Einpassung in der entsprechenden Aufnahme mechanisch fixiert. Die Spannelemente erhalten ihre hydraulische oder pneumatische Energiezufuhr durch die Ankopplung von Rückschlagventilen an eine zentrale Versorgungseinheit, die ebenfalls im Trägerkörper untergebracht ist (vgl. Bild 13).

Das automatisierte Fixieren von Anschweißteilen auf dem Basisteil und sogar auf bereits lagefixierten Anschweißteilen ist mit Spannmitteln möglich, die auf den Grundlagen des magnetischen Prinzips[4)] eine kraftschlüssige Verbindung zwischen Funktionsträger und Einzelteil gewährleisten. Damit steht eine Lösung zur Verfügung, die flexibelste Eigenschaften aufweist und die einen vollständig automatisierten Ablauf unterstützt. Eine grundsätzliche Forderung ist bei diesem Konzept an die Eigenschaften der Einzelteile zu richten, nämlich die nach der Magnetisierbarkeit. Die magnetische Fixierung hat den großen Nachteil, daß durch das aufgebrachte Magnetfeld der Schweißprozeß negativ beeinträchtigt werden kann, und daß die Wahrscheinlichkeit für das Auftreten der gefürchteten magnetischen Blaswirkung[5)] steigt. Die Lösung dieses Problemes unter Zuhilfenahme der Adhäsion oder des Vakuums für die Fixierung scheidet wegen der geringen Haltekräfte und der Untauglichkeit beim Einsatz im rauhen Praxisbetrieb aus.

Der Ansatz die Teilfunktion "Anschweißteil fixieren" über einen reinen Formschluß[6)] zu realisieren, erlaubt den Einsatz von ausschließlich passiven Funktionsträgern. Das Spannen verliert an Komplexität, aber es sind eine Vielzahl bauteilabhängiger Schablonen notwendig. Bei größeren Bauteilen mit mehreren unterschiedlichen Einzelteilen müssen solche Schablonen entsprechend dem Aufbau des Bauteiles aus Anschweißteilen mehrstufig eingesetzt

---

4) Über eine standardisierte Schnittstelle werden die Spannmittel von einem Industrieroboter rasterfrei an dem Positionierort aufgesetzt. Im Greifer sind Elemente untergebracht, die den Fixiervorgang auslösen, etwa durch die Bewegung der Pole zueinander. Da keine externe Energie zuzuführen ist, bietet sich der Permanentmagnet vor dem Elektromagneten an. Die Verbindung mit den Anschweißteilen wird in gleicher Weise wie die Fixierung der Spannmittel vorgenommen. Sie verzichtet dabei auf einen Vorrichtungskörper und verwendet dafür in der Regel die Einzelteile selbst. Die Ausführungsformen der Spannmittel unterliegen prinzipiell keinen Einschränkungen und können daher optimal an das Werkstückspektrum angepaßt werden, zumal sich ein modulartiger Aufbau anbietet.

5) Unter "Blaswirkung" wird die Ablenkung des Lichtbogens durch Magnetfelder und die einseitig verstärkte Anschmelzung des Anschweißteiles verstanden.

6) Ein Industrieroboter übernimmt das Bewegen und Positionieren der Anschweißteile und auch das Auswechseln von Schablonen oder Formelementen, die relativ zum Basisteil positioniert werden. Somit ist die Lage eines in die Schablone eingelegten Anschweißteiles eindeutig bestimmt.

werden. Es müssen schon während der Bearbeitung eines einzigen Bauteiles Rüstvorgänge an der Schablone durchgeführt werden.

Daher muß weiterhin auf Lösungen hingearbeitet werden, die ohne die Funktion "Anschweißteil spannen" auskommen, die also auf Heftvorrichtungen, und damit auf die aufwendigen Rüstvorgänge für die Funktionsträger verzichten. Das bedeutet aber, daß das Anschweißteil genau in der positionierten Lage nach Beendigung der Funktion "Anschweißteile handhaben" zu verbinden ist, weil die Teilfunktion "Bestimmen der Lage" entfällt. Um keine zusätzlichen Arbeitsgänge zu erhalten, muß die Teilfunktion "Verbinden" in den Bewegungsablauf des Anschweißteiles eingebunden werden, so daß eine Kombination der Funktionen "Anschweißteile handhaben" und "Bauteil heften" möglich wird.

Die Teilfunktionen "Einzelteile verbinden" beruhen bei den bekannten Lösungen auf einer stoffschlüssigen Verbindung mittels eines Lichtbogenschweißverfahrens. Der Schweißbrenner wird dabei aus vorgenannten Gründen in der Regel von einem Bediener geführt. Will man zu einem automatisierten Lagefixieren kommen, so muß diese zentrale Funktion entsprechend automatisch ablaufen. Alternativen zu einer mit Schweißverfahren gehefteten Verbindung sind Löt-, Druckfüge- oder Klebetechniken[7)]. Die Verbindung beim Lagefixieren ist zwar zeitlich begrenzt, weil beim Ausschweißen die endgültige stoffschlüssige Verbindung der Einzelteile hergestellt wird, dennoch werden an die Sicherheit der zu fixierenden Position und Lage des Anschweißteiles hohe Anforderungen gestellt. Die Dimensionierung und Auslegung einer Klebenaht muß immer das Alterungsverhalten von Metallklebeverbindungen, die temperaturabhängigen Festigkeitseigenschaften und die Kriechgefahr berücksichtigen, so daß mit marktverfügbaren Klebstoffen die Anforderungen beim Lagefixieren nur bedingt zu erfüllen sind. Daher erscheint es sinnvoll, allein aus Gründen der Zuverlässigkeit und Reproduzierbarkeit, auch im betrieblichen Alltag bei stoffschlüssigen

---

7) Gerade das Metallkleben kann ein positiver Ansatz sein, wobei an der Stoßfläche von Anschweiß- und Basisteil das Klebemittel aufgebracht wird. Der Greifer hält das Anschweißteil so lange in Position, bis die Aushärtung des Klebstoffes abgeschlossen ist. Die Oberfläche im Bereich der Klebestelle muß sauber, fett- und porenfrei sein, was bei zu verschweißenden Einzelteilen nicht immer sicherzustellen ist (vgl. Bild 9).

Verbindungen weiterhin auf die Schweißtechnik zurückzugreifen, die neben der mechanischen Verbindung nachgewiesenermaßen die sicherste Verbindung zweier Blechteile ist. Die gegen das Schweißen sprechenden Argumente, wie die Schweißnahtvorbereitung und der Schweißverzug, können dadurch entkräftet werden, daß diese Punkte in verstärktem Maße beim Ausschweißen auftreten und dennoch eine schweißtechnische Verbindung der Einzelteile konstruktiv vorgegeben ist.

Bei Vermeidung der geschilderten Nachteile von Systemen mit zwei Industrierobotern oder 2-Armrobotern sind alle Teilfunktionen zum Bewegen und Positionieren von Anschweißteilen und Werkzeugen mit dem gleichen Funktionsträger, etwa einem Industrieroboter, vorzunehmen. Die Anschweißteile werden mit einem mechanischen Kraftschluß gegriffen, und die Verbindung mit dem Basisteil erledigt eine greiferintegrierte Schweißeinrichtung[8)].

Eine Bewertung der erarbeiteten Konzepte (vgl. Bild 10) in Hinblick auf die konstruktive Weiterentwicklung muß - die technische Realisierbarkeit vorausgesetzt - neben der möglichst breiten Anwendbarkeit Wirtschaftlichkeitsüberlegungen berücksichtigen. Ziel muß es daher sein, Funktionsträger zu entwickeln, die eine Substitution der Funktion "Anschweißteile spannen" ermöglichen - die sich aber nicht zuletzt durch wettbewerbsfähige Investitionskosten auszeichnen.

Unter diesen Vorgaben soll im weiteren das Konzept verfolgt werden, bei dem ein mechanischer Greifer, geführt durch den Industrieroboter, das Anschweißteil mit Kraftschluß aufnimmt, um es nach der Positionierung durch ein Schweißverfahren mit dem Basisteil stoffschlüssig, im Sinne eines Heftschweißvorganges[9)], zu

---

8) Diese Schweißeinrichtung muß ihren Schweißbrenner am Heftort positionieren. Dies bedingt einen nicht unerheblichen mechanischen und steuerungstechnischen Aufwand, weil die unterschiedlichen Teilegeometrien stark wechselnde Verhältnisse hervorrufen. Mit angetriebenen und programmgesteuerten Achsen ist diese Lösung technisch realisierbar. Die federbetätigte Bewegung des Schweißbrenners entlang einer Wirklinie, auf der wegen der Greiferanordnung immer auch die Heftstelle liegt, führt dazu, daß der oben spezifizierte Aufwand gering gehalten werden kann.

9) Dieses "Verfahren zum Befestigen von Anschweißteilen an einem Grundwerkstück mittels eines Industrieroboter-Schweißsystems,

verbinden. Sofern für die, gegenüber heutigen Schweißrobotersystemen zusätzlichen Systemelemente, technische Lösungen gefunden und deren Machbarkeit nachgewiesen wird, steht mit einem derartigen automatischen Heftschweißen das angestrebte neue Verfahren für das Lagefixieren bereit.

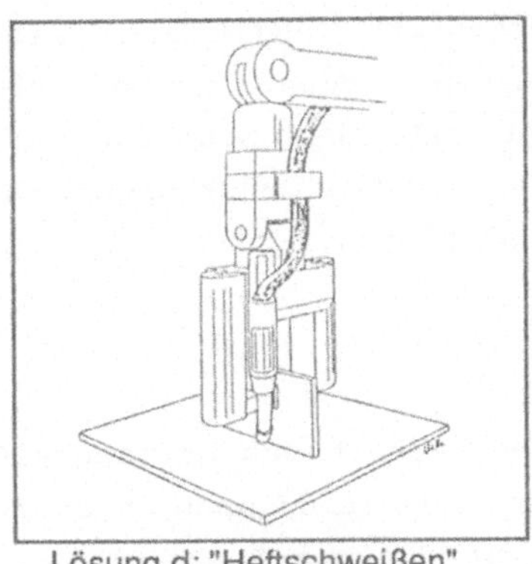

Lösung d: "Heftschweißen" (MIG/MAG-Schweißen)

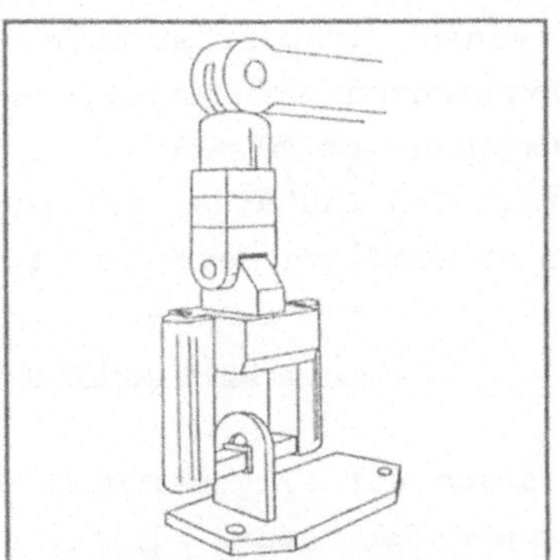

Lösung e: "Heftschweißen" (Press-Verbindungsschweißen)

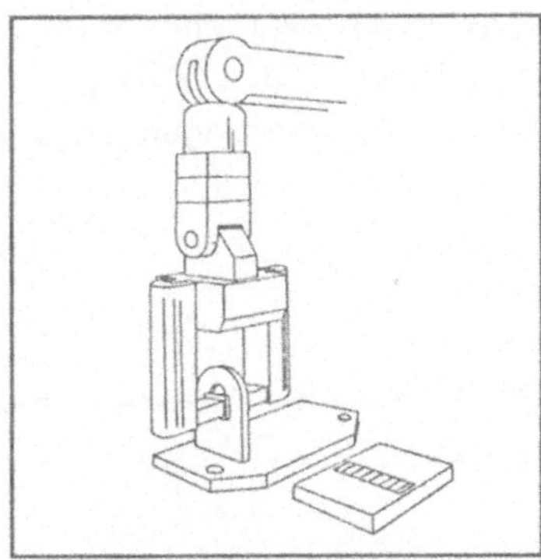

Lösung f: "Heftkleben" (Metallkleben)

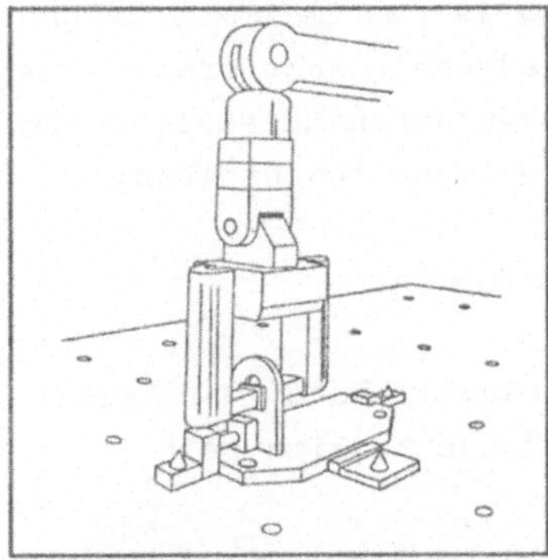

Lösung g: "Heftspannen" (Stecksystem durch Industrieroboter handhabbar)

Bild 10: Aus dem morphologischen Kasten entwickelte alternative Lösungen für das Lagefixieren

---

bei welchem jeweils ein im Schwenkbereich des Industrieroboters angeordnetes Anschweißteil übernommen und zur Durchführung des Anschweißvorganges zu der vorgesehenen Anschweißstelle gebracht wird" /49/ sei im Rahmen dieser Arbeit als Heftschweißen bezeichnet (vgl. Bild 9).

4.2 Heftschweißen als ausgewähltes Verfahren für das Lagefixieren

Der ausgewählte Lösungsansatz für das Lagefixieren ist das skizzierte Heftschweißen. Das Heftschweißen beruht auf einem Vorgang, bei dem die Anschweißteile gegenüber einem stationären Basisteil durch einen Industrieroboter positioniert und dann mittels Schweißverfahren stoffschlüssig verbunden werden. Ein derartiges Heftschweißen ist bisher nicht bekannt und daher hinsichtlich der zu fertigenden Bauteile, der Funktionen und Teilfunktionen und der hierfür notwendigen Betriebsmittel zu studieren.

4.2.1 Bauteile beim Heftschweißen

Ein Anspruch auf allgemeingültige Anwendbarkeit des Heftschweißens kann wegen der stark differierenden Schweißaufgaben sicherlich nicht erhoben werden. Es ist jedoch auf die gebräuchlichsten Fugenformen und Bauteilgeometrien auszulegen. Bei der Verfahrensentwicklung ist zu berücksichtigen, daß eine größtmögliche Anzahl von verschiedenen Nahtformen und Bauteiltypen mit dem Heftschweißverfahren herstellbar sein soll. Die Randbedingungen lassen sich wie folgt beschreiben:

1. Nahtformen

Die gebräuchlichsten Nahtformen, z.B. Stoßnähte, Kehlnähte, V-Nähte müssen möglich sein.

2. Bauteil

Die Einsatzbedingungen des Heftschweißens dürfen die Art und Vielfalt der Anschweißteile und Basisteile nicht beschränken. Die Dimensionierung der Verbindung von Anschweißteil und Basisteil muß eine wirklich sichere Verbindung bis zum Ausschweißen garantieren. Die Bauteileinschränkungen ergeben sich hauptsächlich aufgrund der Verwendung des Schweißroboters zur Teilehandhabung. Der Anwendungsbereich soll mit den folgenden sich ergänzenden Minimalforderungen[10)] eingegrenzt werden:

- Blechdicke von 1 bis 10 Millimetern, womit der mittlere Blechdickenbereich abgedeckt ist,
- unterschiedlichste Bauteilgeometrien mit mehreren Anschweißteilen,
- Anschweißteile deren Gewichte mit Schweißrobotern zu handhaben sind (bis ca. 4 kg in Abhängigkeit des Gewichtes des Greif-/Heftschweiß-Werkzeuge),
- Materialien wie St 37, St 52,
- kleine und mittlere Serien, die häufiger (etwa drei bis vier) Umrüstvorgänge je Schicht bedürfen.

Das zu entwickelnde Verfahren für das Lagefixieren ist auf die Anschweißteile auszulegen. Die das Basisteil oder das Bauteil betreffenden handhabungstechnischen Funktionen entsprechen nicht den zu erfüllenden Anforderungen (vgl. Abschnitt 4.1).

4.2.2 Funktionen und Teilfunktionen beim Heftschweißen

Um den Erwartungen in Hinblick auf einen gesamtheitlichen Ablauf zu genügen, muß der Arbeitsschritt des Lagefixierens einen vergleichbaren Automatisierungs- und Flexibilitätsgrad wie das Ausschweißen erreichen. Der Automatisierungsgrad für das Lagefixieren muß derart gestaltet werden, daß keine taktabhängigen manuellen Eingriffe notwendig sind. Der Betrieb sollte insoweit bedienerlos gewährleistet sein, daß zumindest Pausen überbrückt werden können. Dazu bedarf es einer Steuerungsstruktur, die die einzelnen Funktionsumfänge aufruft, ggf. steuert oder überwacht und damit den funktionssicheren Ablauf des Heftschweißens gewährleistet.

Bei den betroffenen Funktionen handelt es sich um "Anschweißteil handhaben" und "Anschweißteil heften". Diese sind so zu harmonisieren, daß deren Teilfunktionen aufeinander aufbauen und zu einem in sich geschlossenen Ablauf zusammengeführt werden können. Daher muß die Teilfunktion "Anschweißteil positionieren" derart vorge-

---

10) Damit wären, einer Analyse von Schweißroboteraufgaben zufolge, ca. 45 Prozent der in Betracht kommenden Anwendungsfälle abgedeckt /50/.

nommen werden, daß keine weiteren Vorgänge für ein Feinpositionieren der Lage des Anschweißteiles notwendig werden.

Dies wirkt sich beim Heftschweißverfahren so aus, daß erst wenn das von einem Greifer positionierte Anschweißteil direkt anschließend mit dem Basisteil verbunden werden kann, ein Verzicht auf das unflexible Spannen der Anschweißteile möglich wird. Die Teilfunktionen für das Handhaben der Anschweißteile, das Bestimmen ihrer Lage, das Abstützen und Fixieren sowie das Verbinden der Einzelteile mit den Bewegungs- und Positioniervorgängen für das Werkzeug sind demnach aufeinander abzustimmen und in das Heftschweißverfahren zu integrieren.

Die Funktion "Einzelteile heften" ist so vorzunehmen, daß nicht auszuschließende Belastungen durch das Eigengewicht, durch Beschleunigungen in Folge von Bewegungen der Werkstückpositionierer oder aufgrund des Ausschweißprozesses, zu keiner Funktionsstörung führen. Darüber hinaus muß das Schweißverfahren, das die Teilfunktionen des "Bauteil heften" erfüllt, automatisierbar sein. Das Heftschweißverfahren muß die Ausführung der Teilfunktionen "Werkzeug bewegen" und "Werkzeug positionieren" durch den Funktionsträger Schweißroboter erlauben, und damit den Eigenschaften und Leistungsdaten eines Industrieroboters entsprechen.

4.2.3 Betriebsmittel beim Heftschweißen

Die relevanten Betriebsmittel für das in seinem Ablauf festgelegte Heftschweißen müssen so konzipiert werden, daß sie die Erfüllung der zentralen Forderungen an das Lagefixieren sicherstellen:

- flexible Anpassung an unterschiedliche Bauteile,
- automatisierter Ablauf des Lagefixierens.

Daher ist von der Forderung auszugehen, daß alle Handhabungsaufgaben für Anschweißteile, Werkzeug und weitere zu bewegende Systemelemente durch ein und denselben Funktionsträger vorzunehmen sind. Der Schweißroboter übernimmt also neben dem Arbeitsschritt Ausschweißen diese Aufgaben ebenfalls. Die Vorteile beim Einsatz eines Schweißroboters liegen in den hohen Flexibilitäts- und Automatisierungseigenschaften von Industrierobotern, der anforderungsgerechten Erfüllung mehrerer Teilfunktionen mit dem selben Funktionsträger und dem sich daraus ergebenden, in sich geschlossenen Ablauf.

Bei allen Funktionsträgern sind, schon wegen wirtschaftlicher Gesichtspunkte, standardmäßige Lösungen zu bevorzugen. Aus diesem Grund ist zunächst zu untersuchen, ob gebräuchliche Schweißroboter überhaupt für das Heftschweißverfahren geeignet sind, was sich aus den notwendigen Bewegungsrichtungen und aus dem geforderten Anpreßdruck[11)] ergibt. Der realisierbare Anpreßdruck eines Industrieroboters ist kein üblicher Kennwert und hängt auch nur indirekt mit dem zulässigen Handhabungsgewicht zusammen. Er wird von den mechanischen Gegebenheiten und dem kinematischen Aufbau eines Industrieroboters bestimmt, wobei in der Regel die Handachse das schwächste Glied ist. Bei den gebräuchlichen Industrierobotertypen wird die Positionsänderung mit hochgenauen Wegmeßsystemen aufgenommen und eine Schleppfehleranzeige vor dem Auftreten von merklichen elastischen Verformungen ausgelöst. Die Werte des Schleppfehlers differieren stark in Abhängigkeit von der Kraftwirkung und den jeweiligen Achsstellungen. Somit kann das Heftschweißen nur mit denjenigen Schweißverfahren realisiert werden, die keine unzulässige thermische Beeinträchtigung hervorrufen oder einen von Industrierobotern nicht zu realisierenden Anpreßdruck erfordern[12)] (vgl. Bild 11).

---

11) Der erforderliche Anpreßdruck zwischen Anschweißteil und Basisteil ist ein Ausschlußkriterium für die Einsetzbarkeit des Schweißverfahrens. Er muß vom Industrieroboter ohne externe Zusatzelemente, wie z.B. Verriegelungen innerhalb des Ablaufprogrammes, erreicht werden. Der Industrieroboter muß also selbst über entsprechende statische Leistungsdaten verfügen um diese Kräfte aufzubringen. Die entstehenden Reaktionskräfte während des Heftschweißablaufes hat der Industrieroboter ohne Einwirkung auf seine Sollposition aufzunehmen und möglicherweise auftretende Schleppfehler zwischen Soll- und Istposition auszugleichen.

12) Um grundsätzliche Aussagen zu erhalten, wurden an einem Industrierobotertyp, der in der für Schweißroboter typischen Klasse mit einem Handhabungsgewicht von 10 - 15 Kilogramm angesiedelt ist, die Anpreßkräfte und ihre Wiederholbarkeit ermittelt. Bei diesen Untersuchungen ergab sich bei einer senkrechten Anpreßrichtung eine Kraft von 1165 Newton, bis die Überlastsicherung anspricht. Diese Kraft war absolut reproduzierbar, was durch einen Langzeitversuch über 16 Stunden mit 15 Anpreßvorgängen je Minute belegt wurde. Die realisierbaren Anpreßkräfte ohne Beschädigungen am Schweißroboter liegen also

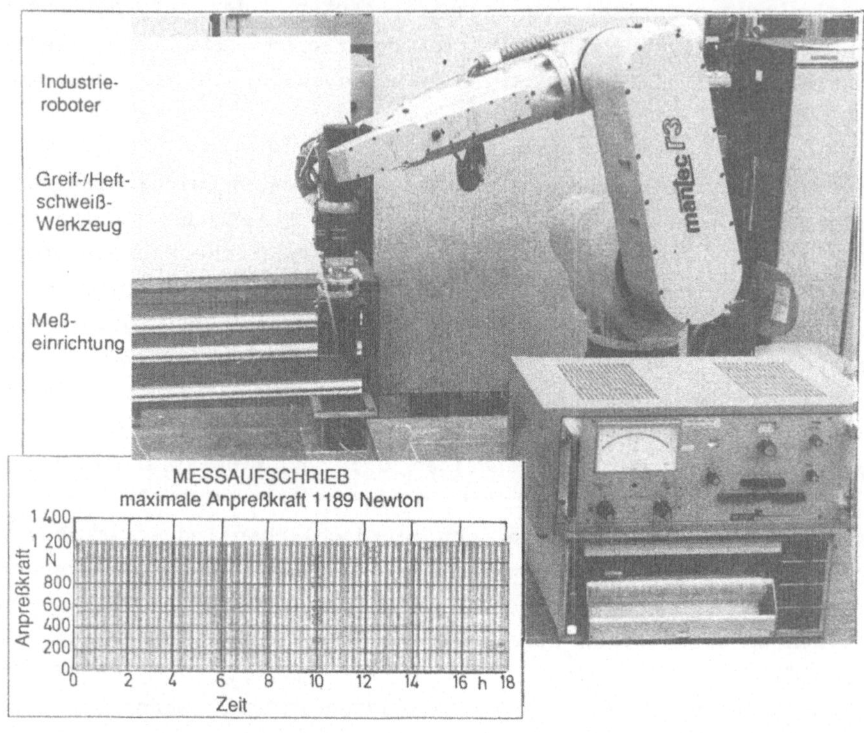

Bild 11: Untersuchung realisierbarer Anpreßkräfte von Schweißrobotern im Dauerversuch

Neben den Teilfunktionen für Bewegungs- und Positionieraufgaben sind für die weiteren Teilfunktionen, analog zum Industrieroboter, ebenfalls Betriebsmittel zu finden: Für das "Anschweißteil greifen" bieten sich wegen der guten Kompatibilität mit Industrierobotern und den flexiblen Eigenschaften mechanische Greifer an. In diesen Greifern ist das Werkzeug für das Verbinden (z.B. Schweißbrenner) zu integrieren, die schweißtechnische Ausrüstung ist entsprechend anzupassen. Dies gilt gleichermaßen für alle Schweißverfahren, die die Teilfunktion "Anschweißteil verbinden" ausführen können.

---

deutlich höher als das zulässige Handhabungsgewicht. Die Beurteilung von anderen Industrierobotern und Bewegungseinrichtungen, wie sie im Zusammenhang mit Einpreßaufgaben in /51/ vorgenommen wurden, bestätigen diese Aussage.

Die Genauigkeitsanforderungen an das Heftschweißverfahren und damit auch an die zum Einsatz kommenden Betriebsmittel ergeben sich weniger aus den konstruktiven Vorgaben für das Bauteil, als vielmehr aus dem Ausschweißvorgang, weil die Fugenfindung direkt in die Schweißqualität eingeht. Somit sind für das Lagefixieren die Bauteile für den Arbeitsschritt des Ausschweißens in einem Toleranzbereich bereitzustellen, der innerhalb der von Industrierobotern realisierbaren Positioniergenauigkeiten liegen muß, d.h. üblicherweise innerhalb eines Bereiches von ± 0,2 Millimetern. Der Greifer muß neben der sicheren Handhabung der Anschweißteile auch die Bauteiltoleranzen erfüllen, indem mit ihm die geforderten Genauigkeiten von Position und Lage des Anschweißteiles erreicht werden können.

Das Anschweißteil wird demnach für die Handhabungs- und Heftschweißvorgänge von einem Greif-/Heftschweiß-Werkzeug zwischen zwei Greiferbacken aufgenommen. Die wesentlichen Kriterien bei der Entwicklung eines funktionssicheren Greif-/Heftschweiß-Werkzeuges lauten:

- Sicheres Greifen der Anschweißteile,
- Sicheres Handhaben der Anschweißteile,
- Aufnahme des Schweißwerkzeuges,
- Verträglichkeit mit dem auszuwählenden Schweißverfahren,
- Sensorik für Kontakt und Greiferstellung,
- Zentriermöglichkeit der zu greifenden Anschweißteile aufgrund ungenauer Teilebereitstellung bzw. Teileherstellung,
- Anbau an eine Greiferwechseleinrichtung.

5 Entwicklung des Heftschweißverfahrens für das Lagefixieren

5.1 Eingrenzung geeigneter Schweißverfahren

Das Schweißverfahren, auf dem das neuartige Heftschweißen für Industrieroboter basieren soll, muß für das relevante Bauteilspektrum (vgl. Abschnitt 4.2.1) technisch einsetzbar und für einen automatisierten Ablauf des Lagefixierens geeignet sein. Das Kriterium Automatisierbarkeit kann nicht auf ein Einzelkriterium reduziert werden. Die Diskussion möglicher Schweißverfahren muß daher getrennt nach der automatisierten Ausführungsmöglichkeit des Schweißverfahrens selbst, den notwendigen zusätzlichen Elementen der schweißtechnischen Ausrüstung, der Ausführbarkeit mit Schweißrobotern und der Integrierbarkeit des Schweißwerkzeuges in das Greif-/Heftschweiß-Werkzeug des Industrieroboters erfolgen. Somit ist zumindest eine qualitative Bewertung des Einsatzpotentials aller Schweißverfahren[1)] für das Heftschweißen bereits in diesem Stadium der Verfahrensfindung ableitbar. Eine vergleichende Gegenüberstellung der Schweißverfahren zeigt, daß nur wenige Schweißverfahren einen Heftschweißvorgang unterstützen (siehe Bild 12). Ein Großteil der Schweißverfahren ist aus verfahrenstechnischen Gründen nicht einsetzbar, wie z.B. das Schweißen mit Flüssigkeiten. Gegen einen Einsatz spricht auch die Notwendigkeit von schweißtechnischen Zusatzeinrichtungen, wie beim Heizelementschweißen oder beim Ultraschallschweißen.

Die Beantwortung der Frage, ob das Schweißverfahren überhaupt mit einem Industrieroboter auszuführen ist, ergibt sich aus den Bewegungsrichtungen, die der Industrieroboter ausführen muß, und aus dem Anpreßdruck, den der Industrieroboter aufzubringen hat. Am Beispiel des Reibschweißens zeigen sich die mechanischen Grenzen für die möglichen Bewegungen des Anschweißteiles, die mit einem Industrieroboter nicht realisierbar sind. Der erforderliche Anpreßdruck zwischen Anschweißteil und Basisteil ist ein Ausschlußkriterium für die Einsetzbarkeit des Schweißverfahrens, weil das

---

1) Bei den untersuchten Schweißverfahren handelt es sich um alle genormten Gruppen von Schweißverfahrens /52/.

Schweißverfahren keine Kräfte erfordern darf, die oberhalb der statischen Leistungsdaten von Industrierobotern liegen. Falls die Anpreßkräfte in einer Vorrichtung oder einem Werkzeug entwickelt werden, muß der Industrieroboter die Reaktionskräfte ebenso ohne Einwirkung auf seine Sollposition aufnehmen und möglicherweise auftretende Schleppfehler zwischen Soll- und Istposition ausgleichen. Der Einsatz externer Zusatzelemente für eine Erhöhung der realisierbaren Anpreßkraft, wie etwa durch aufwendige mechanische Verriegelungen innerhalb des Ablaufes des Industrieroboters, widerspricht den Ansprüchen hinsichtlich Flexibilität, Automatisierung und Wirtschaftlichkeit. Diese Forderungen führen zum Ausschluß z.B. vom Kaltpreß- oder Reibschweißen.

BEWERTUNG: 3 gut geeignet, 2 bedingt geeignet, 1 ungeeignet / SCHWEISSVERFAHREN nach DIN 1910 Teil 2	WERKSTÜCK			AUTOMATISIERBARKEIT				QUALITATIVER BEWERTUNGSFAKTOR
	Nahtform	Blechdicke	Geometrie	Schweißverfahren mit Industrieroboter ausführbar	Kombination mit Handhabung des Anschweißteils	Automatisierbares Verfahren	Aufwand für Zusatzelemente	
PRESS-VERBINDUNGS-SCHWEISSEN Schweißen durch:								
Feste Körper	2	2	1	1	1	2	1	10
Flüssigkeit	1	2	1	1	1	2	1	9
Gas	1	1	1	1	1	1	1	7
Bewegung: Kaltpressen	1	2	1	1	2	2	2	11
Schock	2	2	2	1	2	1	1	11
Ultraschall	1	1	1	2	2	2	2	11
Reibung	1	2	1	1	2	2	1	10
Elektrischer Strom Induktion	1	1	1	1	1	2	1	8
Buckelschweißen	2	2	2	1	3	3	2	15
Gasentladung magnet. Lichtbogen	2	2	2	2	1	2	2	13
Lichtbogenbolzenschweißen	2	2	2	3	3	3	2	17
SCHMELZ-VERBINDUNGS-SCHWEISSEN Schweißen durch:								
Flüssigkeit	1	2	1	1	1	2	1	9
Gas	3	3	3	1	1	2	1	14
Gasentladung (MIG/MAG)	3	3	3	3	1	3	1	17
Strahl (Laser)	2	2	3	2	1	3	1	14
Elektrischer Strom	2	3	2	1	1	2	1	12

Bild 12: Eignungstabelle von Schweißverfahren für das Heftschweißen

5.1.1 Heftschweißen mit den Verfahren des Schmelz-Verbindungsschweißens

Die überwiegende Anzahl der zur Zeit hergestellten Heftnähte wird mit Verfahren des Lichtbogenschmelzschweißens vorgenommen, vorzugsweise dem MIG/MAG-Schweißen. Dieses Verfahren ist für das Heftschweißen prozeßtechnisch bestens geeignet, was sich beim manuellen Einsatz zeigt, und auch die automatisierte Ausführung des Verfahrens durch einen Industrieroboter hat sich bewährt. Damit eine Heftnaht gesetzt werden kann, muß das Schweißwerkzeug über die Möglichkeit einer Zustellbewegung zumindest in einer zusätzlichen, beweglichen Achse verfügen. Die Anpassung an unterschiedliche Bauteile verlangt häufig mehr als eine Bewegungsachse[2] für den Schweißbrenner, weil die Brennerspitze weder in Richtung der Z-Achse (bezogen auf das Koordinatensystem des Industrieroboters) noch in der Fläche, also der X-/Y-Achse, den Heftvorgang an einem definierten Ort ausführen kann. Eine Standardisierung der Bauteile durch entsprechende Konstruktionsrichtlinien kann in Einzelfällen Vereinfachungen bringen, ist aber für eine allgemeingültige Verfahrensentwicklung der falsche Ansatz (siehe Abschnitt 4.2.1). Zusätzliche Probleme ergeben sich aus der Kollision und der Zugänglichkeit von Schweißbrenner, Greifer und Anschweißteilen und der dadurch erschwerten Integration des Schweißwerkzeuges in die Greifeinheit.

Bei den Verfahren des Schmelz-Verbindungsschweißens mit Strahlen bietet sich wegen seiner Rückwirkungsfreiheit und Flexibilität der Laserstrahl an. Der Laserstrahl wird über optische Elemente innerhalb des Greif-/Heftschweiß-Werkzeuges so geformt, daß in der Heftstelle eine hohe Energiedichte aufgebracht wird, die für die Materialschmelzung, und damit für die Verbindung von Anschweißteil und Basisteil genutzt werden kann. Da die notwendige Laserleistung bei dem betrachteten Bauteilspektrum mindestens 0,5 Kilowatt betragen muß, kann der Laserresonator nicht im Greif-/Heftschweiß-Werkzeug untergebracht werden, sondern er muß extern aufgestellt werden. Die Verbindung erfolgt dann über flexible Strahlführungs-

2) Die einfache Realisierung einer federbelasteten Bewegung des Schweißbrenners in der Z-Richtung stößt bereits bei geringfügig unterschiedlichen Blechdicken an Anwendungsgrenzen.

systeme. Die zur Zeit verfügbaren Laser-Strahlführungssysteme für CO_2-Laser weisen keinen befriedigenden praxisgerechten Standard auf, weil sie die Bewegungsfreiheit des Industrieroboters stark einschränken und entsprechend der Anzahl ihrer Freiheitsgrade aufwendige Justagearbeiten für den Laserstrahl erfordern /53/, oder sie sind auf einen speziellen Industrierobotertyp ausgelegt /54/. Die optischen Elemente für die Fokussierung des Laserstrahles brauchen darüber hinaus einen nicht unbeträchtlichen Bauraum und führen zu einem komplizierten und aufwendigen Greif-/Heftschweiß-Werkzeug. Eine Verbesserung auch unter dem Gesichtspunkt der Kostenreduzierung bringt der Einsatz von Festkörperlasern anstatt der CO_2-Laser. Bei diesem Lasertyp ist eine sehr viel einfachere Strahlführung mit biegsamen Lichtwellenleitern bei eingeschränkten Leistungsspektrum physikalisch möglich. Allerdings lassen die Leistungen dieses Lasertyps derzeit nur ein Heftschweißen von Bauteilen mit begrenzten Blechdicken zu. Weitere zusätzliche Hemmnisse bei der Laserbearbeitung sind die notwendigen engen Toleranzen für die Fugenvorbereitung, die der heute in der Praxis durchgeführten Teilevorbereitung beim Schutzgasschweißen nicht entsprechen.

5.1.2 Heftschweißen mit den Verfahren des Preß-Verbindungsschweißens

Schweißverfahren, die keine Schweißwerkzeuge benötigen, erleichtern den Aufbau von industrierobotertauglichen Greif-/Heftschweiß-Werkzeugen. Die Preß-Verbindungsschweißverfahren ermöglichen es, daß über das gegriffene Anschweißteil einerseits die Anpreßkraft eingeleitet und andererseits auch die notwendige Energie für die lokale Erwärmung eingebracht werden kann. Damit sind sie für ein automatisiertes Heftschweißen geradezu prädestiniert. Aufgrund der Eingrenzung von Schweißverfahren (vgl. Abschnitt 5.1) sind aus dem Bereich des Preß-Verbindungsschweißens nur das Bolzenschweißen und das Buckelschweißen einer weitergehenden Untersuchung zu unterziehen. Bei ihnen sind keine Zusatzelemente und nur einfache Bewegungsvorgänge notwendig, die zumeist in der Fügerichtung ablaufen.

Beim Buckelschweißen wird die Verbindung der Einzelteile über eine Kombination von Druck und Widerstandserwärmung an der Kontaktfläche der Einzelteile vorgenommen. Diese Kräfte können Schweißroboter nicht oder nur mit besonderen, die Flexibilität einschränkenden Vorrichtungen erbringen. Da die Anpreßkräfte ein Ausschlußkriterium sind, überwiegt dies die sonstigen Vorteile dieses Schweißverfahrens /55/.

Ähnliche Verhältnisse wie beim Buckelschweißen liegen beim Lichtbogenbolzenschweißen vor, das im Gegensatz hierzu aber nicht diese hohen Anpreßkräfte erfordert /56/. Die weiteren Untersuchungen konzentrieren sich daher auf das Lichtbogenbolzenschweißen, bei dem die folgenden drei marktgängigen und in der Praxis angewandten Varianten bekannt sind:

- Lichtbogenbolzenschweißen mit Hubzündung,
- Lichtbogenbolzenschweißen mit Ringzündung,
- Lichtbogenbolzenschweißen mit Spitzenzündung.

Die Verfahren des Lichtbogenbolzenschweißens sind dadurch beschrieben, daß ein Lichtbogen an einem definierten Ort zwischen Anschweißteil und Basisteil gezündet wird, und dieser die Einzelteile örtlich aufschmilzt. Das Anschweißteil wird senkrecht zum Basisteil bewegt und taucht in die Schmelze des Basisteiles ein. Sobald die Schmelze erstarrt, ist - wie auch bei allen anderen Schweißverfahren - die Verbindung und damit die Heftung vollzogen. Die Verfahren des Lichtbogenbolzenschweißens unterscheiden sich durch die jeweilige Art der Auslösung der Lichtbogenzündung. Die Verfahren mit Spitzen- und Hubzündung benötigen außer der Stromversorgung keine externen Elemente. Im Gegensatz dazu benötigt das Ringzündungsverfahren für jeden Schweißvorgang Keramikringe.

5.1.3 Auswahl des Lichtbogenbolzenschweißens aus den Preß-Verbindungsschweißverfahren

Die Diskussion der verbleibenden Schweißverfahren führt zu der in Bild 13 zusammengefaßten Beurteilung unter Berücksichtigung der Kriterien für den verfahrenstechnischen Aufwand, der Anforderungen an Toleranzen und der Möglichkeit der Integration in ein Greif-/ Heftschweiß-Werkzeug (vgl. Abschnitt 5.1):

Der verfahrensbedingte Aufwand ist bei den Laserschweißverfahren am größten, weil die Kosten für die Energiequelle und die Strahlführungssysteme deutlich höher liegen als für die Schweißstromquellen des MIG/MAG- oder Lichtbogenbolzenschweißens, die über Schlauchpakete einfach mit dem Greif-/Heftschweiß-Werkzeug verbunden werden können. Der Aufbau der Schlauchpakete mit der Strom-, Gas-, Wasserversorgung und der eventuell notwendigen Versorgung mit Zusatzwerkstoffen kann problemloser als die Laser-Strahlführungssysteme realisiert werden.

Das Lichtbogenschweißen weist gegenüber den anderen Schweißverfahren den Vorteil auf, daß die Bauteile geringeren Anforderungen in Bezug auf Toleranzen und Bereitstellungsgenauigkeiten genügen müssen. Hingegen erfordert das Lichtbogenbolzenschweißen eine Teilevorbereitung, bei der eine Zündspitze am Anschweißteil anzubringen ist. Die Bauteile für das Laserschweißen unterliegen den vergleichsweise höchsten Anforderungen an die Fertigungsgenauigkeit für eine Vorbereitung der Schweißfuge.

Eindeutige Vorteile verbucht das Lichtbogenbolzenschweißen durch seine gute Eignung zur Integration in ein Greif-/Heftschweiß-Werkzeug mit nur geringen Einschränkungen bei den Handhabungsmöglichkeiten unterschiedlicher Anschweißteile. Die Energie wird über das Anschweißteil selbst an die Heftstelle geleitet, während bei den anderen Verfahren ein außerhalb des Anschweißteiles liegender Zugriff gegeben sein muß, etwa über den Schweißbrenner oder die Fokussieroptik.

Aus dieser abschließenden Abwägung der Vor- und Nachteile der unterschiedlichen Schweißverfahren ergibt sich, daß ein auf dem Lichtbogenbolzenschweißen basierendes Heftschweißverfahren den größten Erfolg verspricht, wenn es gelingt, den Aufwand für die Vorbereitung der Anschweißteile gering zu halten. Für ein solches Heftschweißen muß der Nachweis der schweißtechnischen Durchführbarkeit erbracht werden.

BEWERTUNG 3 gut geeignet 2 bedingt geeignet 1 ungeeignet AUSGEWÄHLTE SCHWEISS-VERFAHREN	TEILE-VORBE-REITUNG	AUFWAND FÜR SCHWEISS-VERFAHREN		AUFWAND ZUR INTEGRATION IN DEN GREIFER		FLEXIBILITÄT			QULITA-TIVER BEWER-TUNGS-FAKTOR
	Genauig-keit und Zusatz-elemente	Energie-quelle	Energie-versor-gung des Greifers	zusätz-liche Greifer-kompo-nenten	Energie-versor-gung der Heftstelle	Umrüst-barkeit auf andere Geometrie	Einsatz-breite	Kolli-sions-gefahr	
LICHTBOGEN-SCHMELZ-SCHWEISSEN									
MIG / MAG automatisch	3	2	2	1	2	2	3	1	16
LASERSTRAHL-SCHWEISSEN									
CO_2- Laser	1	1	1	1	3	3	3	3	16
Festkörper-Laser	1	1	1	1	2	2	1	2	11
LICHTBOGEN-BOLZEN-SCHWEISSEN	2	3	3	3	3	3	2	3	22

Bild 13: Qualitative Bewertung ausgewählter Schweißverfahren für den Einsatz beim Heftschweißen

5.2 Nachweis der Machbarkeit des Heftschweißens mit den Verfahren des Lichtbogenbolzenschweißens mit Spitzen- und Hubzündung

Um ein funktionssicheres flexibles Heftschweißen zu garantieren, muß aufgrund der vorliegenden Erkenntnisse über das Lichtbogenbolzenschweißen[3)] und der zusätzlichen Einflüsse, die sich aus der

3) Die Einflußgrößen und Abhängigkeiten der relevanten Prozeßparameter beim Lichtbogenbolzenschweißen sind nur zum Teil bekannt und basieren lediglich auf experimentellen Erfahrungswerten. Bekannte Untersuchungen behandeln zumeist eingeschränkte Werkstoff- oder Geometriekombinationen. Die Tatsache eines nur in Grenzen vorhersagbaren Prozesses spiegelt sich auch im Normungswesen wieder /57,58/, das bei fest vorgegebenen Materialangaben sehr enge Toleranzen für die Geometrie der Zündspitze vorgibt. Wissenschaftliche Untersuchungen der letzten Jahre konzentrierten sich darauf, Verfahren zu entwickeln oder Versuchsreihen durchzuführen, die eine Beurteilung der Fehleranfälligkeit von speziellen Bolzenschweißverbindungen ermöglichen. Schmitt /59/ betrachtet das Spitzenzündungsverfahren, während Rehm /60/ und Yang /61/ auf das Hubzündungsverfahren eingehen. Aber auch diese Arbeiten gehen von eindeutig definierten Material- und Geometrievorgaben aus und lassen keine allgemein übertragbaren Aussagen auf das Heftschweißen zu. Rostek /62/ trägt dieser Situation insoweit Rechnung, als

neuen Anwendung ergeben, eine Vorgehensweise erarbeitet werden, die eine Auswahl, Beurteilung und Einstellung aller relevanten Verfahrensparameter ermöglicht. Die Festigkeit und die Sicherheit der Heftschweißverbindung unterliegt im Gegensatz zum konventionellen Lichtbogenbolzenschweißen sehr viel geringeren Anforderungen, weil es sich dabei um die endgültige Schweißverbindung handelt. Stattdessen wird beim Heftschweißen lediglich eine zeitlich begrenzte Verbindung zwischen den Einzelteilen ohne Belastungen auf die Anschweißteile hergestellt, so daß sie im wesentlichen nur der Schwerkraft entgegenzuwirken hat. Die endgültige Festigkeit der Schweißnaht wird mit dem anschließenden Ausschweißvorgang erreicht. Trotz der geringeren Anforderungen an die heftgeschweißte Verbindung müssen die jeweils vorliegenden Verhältnisse durch praxistaugliche Vorgaben für die relevanten Verfahrensparameter in Form entsprechender Grenzbereiche und Zusammenhänge erarbeitet werden.

Die Funktionstüchtigkeit des Heftschweißens ist endgültig nur experimentell nachzuweisen. Daher müssen die entsprechenden Bauteile für einen solchen Nachweis ausgewählt und die verfahrensabhängigen Betriebsmittel entwickelt werden. Mit einem repräsentativen Versuchswerkstück ist in Versuchen die Machbarkeit eines Heftschweißvorganges nach dem Spitzen- oder dem Hubzündungsverfahren nachzuweisen. Dabei sind diejenigen Parameter und ihre Einstellwerte zu ermitteln, die entscheidenden Einfluß auf das Heftschweißergebnis haben. Die Ergebnisse der Versuche und die Aufstellung der Anforderungen an Bauteil, Greif-/Heftschweiß-Werkzeug und Verfahren in Verbindung mit dem Schweißroboter erlauben eine Bewertung der beiden Verfahren des Lichtbogenbolzenschweißens und damit die Entscheidung zwischen dem Spitzen- und dem Hubzündungsverfahren.

Die Forderung nach einer theoretischen Vorgabe der Parameter in definierten Grenzen soll durch ein schweißtechnisches Modell erfüllt werden, mit dessen Hilfe sämtliche relevanten Parameter und ihre Abhängigkeiten untereinander ermittelt werden können. Darüber

---

eine automatische Prüfeinrichtung entwickelt wird, um den notwendigen experimentellen Aufwand zu minimieren.

hinaus ermöglicht das schweißtechnische Modell dem späteren Anwender die optimalen Parameter für den jeweiligen Anwendungsfall vorzugeben. Das ausgewählte Verfahren soll in weiteren Versuchsschweißungen soweit untersucht werden, daß ein funktionssicherer Heftschweißvorgang gewährleistet werden kann.

5.2.1 Auswahl eines Versuchswerkstückes

Das Lichtbogenbolzenschweißen im herkömmlichen Sinne ist durch die sehr kurze Prozeßzeit und die Geometrie des Anschweißteiles gekennzeichnet. Vornehmlich handelt es sich um rotationssymmetrische Werkstücke, die mit Hilfe sehr hoher Ströme axial über einen an der Zündspitze ausgelösten Lichtbogen auf Grundbleche verschweißt werden. Bei Änderungen der Geometrie des Anschweißteiles muß sich die weitere Verfahrensentwicklung mit der Übertragung der Verhältnisse vom Bolzen auf ein allgemeines Anschweißteil befassen. Ein Versuchswerkstück sollte eine Vielzahl unterschiedlicher Anschweißteile repräsentieren, leicht herstellbar sein, die Versuchsdurchführung nicht unnötig komplizieren sowie für beide Lichtbogenbolzenschweißverfahren Aussagen ermöglichen. Daher ist es in Kauf zu nehmen, daß vom Versuchswerkstück nicht das gesamte Anwendungsfeld (vgl. Kapitel 4.2) abgedeckt wird. Die Übertragbarkeit der gewonnene Erkenntnisse ist in zusätzlichen Versuchsreihen mit anderen Werkstücken, z.B. in Hinblick auf die Anzahl Zündspitzen, Gewichte oder Blechdicke zu untersuchen.

Bei den in der Praxis auftretenden Schweißaufgaben /63,64/ überwiegen die Verbindungen von Schweißteilen aus gleichen, niedrig legierten Kohlenstoffstählen. Dabei kommt zumeist der T-Stoß zur Vorbereitung von Kehlnähten zum Einsatz. Um diesen Bedingungen mit dem Versuchswerkstück Rechnung zu tragen, ist für Basis- und Anschweißteil der gleiche Werkstoff mit guten Schweißeigenschaften zu wählen. Bei der herkömmlichen Stoßart ist davon auszugehen, daß das Anschweißteil senkrecht von oben auf das Basisteil aufgesetzt wird. Diese Vorgaben decken sich mit den Verhältnissen beim Lichtbogenbolzenschweißen, bei denen eine senkrechte Schweißrichtung wegen der magnetischen Blaswirkung und der auf das Schmelzgut wirkenden Schwerkräfte vorgeschrieben wird, zumal dies auch den

Greif- und Bewegungseinrichtungen sowie einem späteren Ausschweißen in Wannenlage entgegenkommt.

Die Geometrie der Schweißteile wird mit den Abmaßen festgelegt, wie sie in Bild 14 aufgezeigt sind. Die Anschweißteile sind einfach mit Scherverfahren herzustellen, und die Verhältnisse bei der Verwendung von räumlich geformten Anschweißteilen sind, abgesehen von den Greifmöglichkeiten, vergleichbar. Erhöhte Abmessungen überschreiten die Möglichkeiten des Versuchsaufbaues und haben verfahrenstechnisch keine Auswirkungen. Größere Massen haben Auswirkungen auf die Bewegungsvorgänge und das Beschleunigungsverhalten des Anschweißteiles, so daß sich damit eine Anwendungsgrenze abzeichnet. Kleinere Abmessungen sind wenig repräsentativ, sie lassen sich in typischen Bauteilspektren nur schwer wiederfinden.

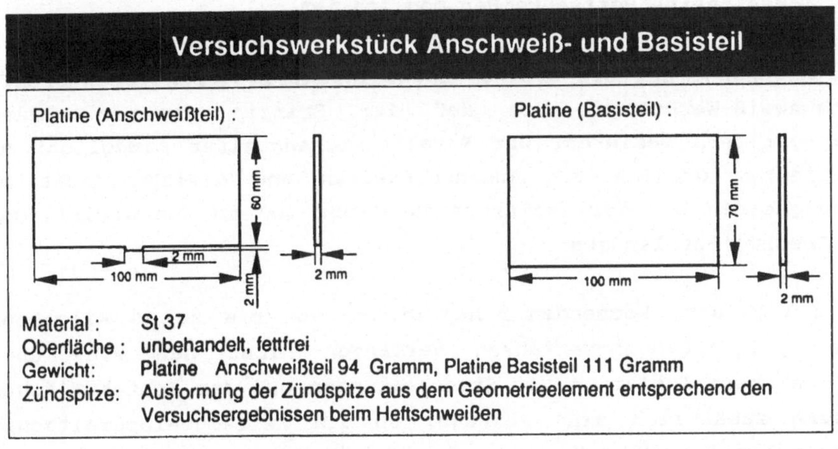

Bild 14: Auswahl eines Versuchswerkstückes zum Nachweis der Machbarkeit des Heftschweißens und zur Beurteilung des Spitzenzündungs- und des Hubzündungsverfahrens

Aus geometrischen Gründen kann der genormte Bolzenkopf nicht direkt als Zündspitze für das Versuchswerkstück eingesetzt werden. Um eine optimale Form der Zündspitze am Anschweißteil zu ermitteln, müssen am Versuchswerkstück unterschiedliche Zündspitzengeometrien anzubringen sein. Das Versuchswerkstück muß daher über ein

Geometrieelement verfügen, mit dem unterschiedliche Zündspitzen zu realisieren sind (vgl. Bild 14). Da die Zündspitze u.U. aus dem Material des Anschweißteiles in einem Umformvorgang hergestellt werden kann, hat die Blechdicke einen großen Einfluß auf die Formgebung der Zündspitze. Um unterschiedlichste Zündspitzengeometrien für das Spitzen- und das Hubzündungsverfahren fertigen zu können, und um in einem gebräuchlichen Blechdickenbereich zu liegen, ist die Blechdicke auf 2 Millimeter festgesetzt.

5.2.2 Entwicklung geeigneter Greif-/Heftschweiß-Werkzeuge

Die Entwicklung des Greif-/Heftschweiß-Werkzeuges für die Versuche muß den Anforderungen an die Betriebsmittel (vgl. Kapitel 4.2.3) gerecht werden und das Schweißverfahren bei minimalem baulichen Aufwand und minimaler Komplexität unterstützen, weil nur so ein funktionssicheres Heftschweißen möglich ist.

Eine Anwendung auf ein breites Bauteilspektrum garantieren Greif-/ Heftschweiß-Werkzeuge, die auf dem Prinzip eines Parallelbackengreifers basieren. Der Parallelbackengreifer ermöglicht ein zentrisches Greifen von Anschweißteilen und gleicht damit Ungenauigkeiten bei der Teilebereitstellung und an den Greifflächen des Anschweißteiles aus.

Die zum Einsatz kommenden hohen Ströme von bis zu 10 Kiloampere beim Spitzenzündungsverfahren verlangen nicht nur eine überschlagsichere Isolation der Stromleitungen und der Kontaktflächen, sondern zusätzlich eine Abfrage, ob die Heftschweißbereitschaft hergestellt ist. Es muß also neben der Überwachung der Greiferfingerstellung mit Näherungsschaltern eine Kontrolle des Kontaktes von Basis- und Anschweißteil möglich sein. Dies entspricht auch einer der wesentlichen Sicherheitsforderung beim herkömmlichen Lichtbogenbolzenschweißen. Die Kontaktabfrage wird über den Masseschluß gelöst, der im Ablauf des Heftschweißvorganges steuerungstechnisch überwacht wird. Somit kann eine Einleitung des Schweißstromes in undefinierten Stellungen des Industrieroboters verhindert werden. Die einfachste Art des Stromüberganges in das Anschweißteil ist die Einleitung über beide Greiferbacken des Parallelbackengreifers, so daß der Strom unmittelbar am Kontakt zum Anschweißteil eingeleitet wird, und außer den Greiferbacken keine weiteren Greiferelemente mit Strom beaufschlagt werden.

Die Forderung nach einer trennbaren Verbindung zum Industrieroboter ist mit gebräuchlichen Werkzeugwechseleinrichtungen /65/ erfüllbar. Die Wechseleinrichtung muß lediglich schweißgerecht sein und die Tool-Center-Position[4)] für das Bahnschweißen und für das Heftschweißen eindeutig bestimmen. Dabei muß auf eine flache Bauweise der Wechseleinrichtung in Verlängerung der Handachse geachtet werden, weil ansonsten aufgrund der Hebelverhältnisse zu große Momente auftreten. Eine trennbare Energiezuführung durch Mutter- und Tochterteil der Wechseleinrichtung ist nicht notwendig, weil auf Schlauchpakete auch weiterhin nicht verzichtet werden kann.

Entscheidende Bedeutung für die Funktionsfähigkeit kommt den Bewegungselementen im Greif-/Heftschweiß-Werkzeug zu, die sich bei den beiden Verfahren unterscheiden.

5.2.2.1 Greif-/Heftschweiß-Werkzeug für das Spitzenzündungsverfahren

Der dynamische Ablauf des Spitzenzündungsverfahrens hängt von der Realisierung der Bewegungselemente ab. In Abhängigkeit vom Ablauf des Schweißprozesses ist zu einem definierten Zeitpunkt das Anschweißteil in das Schmelzbad zu bewegen. Bei der Bolzenschweiß pistole des Spitzenzündungsverfahrens wird dies über die Federvorspannung erreicht, weil pneumatische oder elektrische Antriebseinheiten nicht über die notwendigen Beschleunigungswerte verfügen und außerdem sehr viel aufwendiger sind. Aus diesem Grunde soll das prototypische Greif-/Heftschweiß-Werkzeug zunächst ebenfalls aus Bewegungselementen aufgebaut werden, die aus einem Federpaket aus Druckfedern bestehen. Über die einstellbare Vorspannung ist es auf die jeweiligen Massenverhältnisse anpaßbar. Bei dem im Bild 15 dargestellten Prototyp ist aufgrund der zentralen Krafteinleitung

---

4) Die Tool-Center-Position (TCP) wird durch die Lage der Schweißbrennerspitze bestimmt.

das Federpaket mittig - also roboterseitig - angebracht und muß Anschweißteil, Backen und Greifer bewegen. Eine Verminderung der zu bewegenden Massen, und damit der notwendigen Beschleunigungen, ermöglicht eine alternative Anordnung mit der Integration des Federpaketes in die Greiferfinger. Erst die noch durchzuführenden Versuche erlauben eine eindeutige Beurteilung dieser Alternativen.

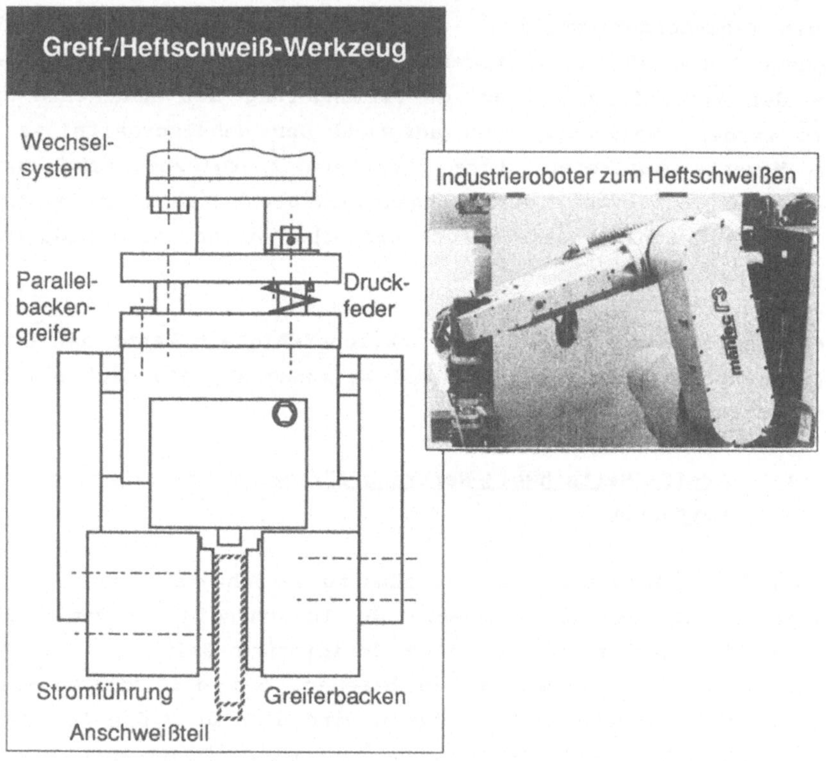

Bild 15: Greif-/Heftschweißwerkzeug für das Spitzenzündungsverfahren

5.2.2.2 Greif-/Heftschweiß-Werkzeug für das Hubzündungsverfahren

Der grundsätzliche Aufbau und die konstruktive Ausführung des Greif-/Heftschweiß-Werkzeuges für das Hubzündungsverfahren ist mit dem des Spitzenzündungsverfahrens vergleichbar. Die Bewegungselemente müssen sich jedoch unterscheiden, weil für das Hubzündungsverfahren zusätzlich zur Eintauchbewegung eine Hubbewegung notwendig ist. Wiederum erscheint eine Anlehnung an die Verhältnisse beim klassischen Lichtbogenbolzenschweißen mit der Pistole für das Hubzündungsverfahren sinnvoll, weil diese Technik ihre Funktionssicherheit nachgewiesen hat. Die Hubbewegung wird daher auf steuerbaren Magneten aufgebaut. Die Vorspannung des gesamten Greif/-Heftschweiß-Werkzeuges (vgl. Bild 16) und die Bewegung des Anschweißteiles auf das Basisteil zu wird über Druckfedern realisiert. Diese Federn sind in den Magnet eingebaut und wirken direkt auf den Magnetanker. Auch beim Hubzündungsverfahren ist eine

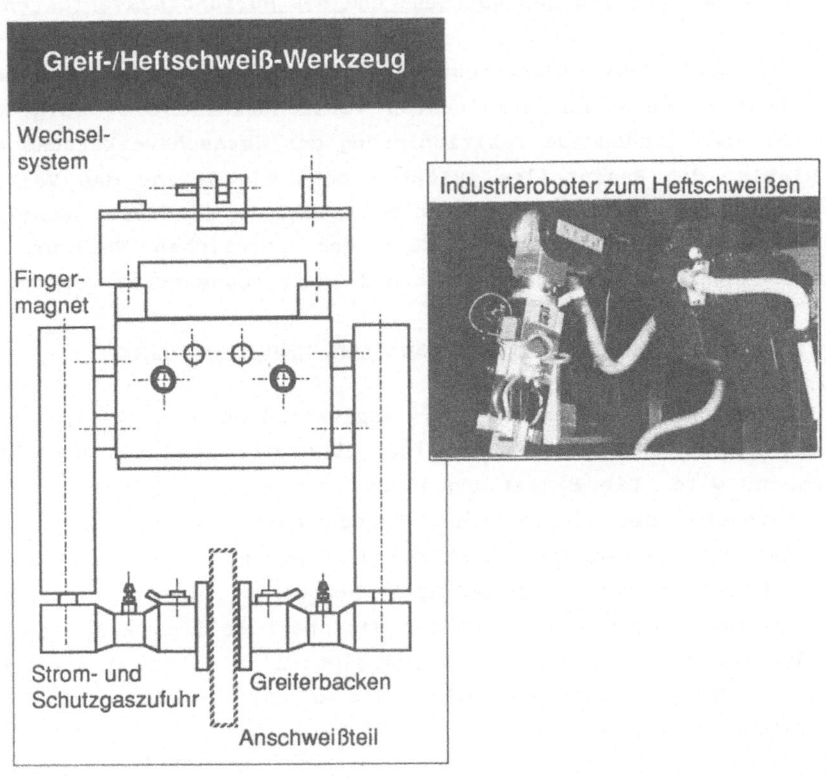

Bild 16: Greif-/Heftschweißwerkzeug für das Hubzündungsverfahren

zentrale oder dezentrale Anordnung des Bewegungselementes möglich. In Bild 16 ist die dezentrale Anordnung dargestellt, bei der die Magnete und Druckfedern in die Greiferfinger integriert sind.

Um mit den Versuchen eine große Variationsbreite abzudecken, müssen die Federvorspannung und die Hubhöhe veränderbar sein, weil ihre Einstellung ja gerade einer der Untersuchungsschwerpunkte ist. Die Federn sind deshalb mechanisch vorspannbar. In dem dargestellten Prototyp sind die rein manuelle Vorspannung und der manuelle Austausch von Federn mit anderen Kennlinien realisiert.

5.2.3 Durchführung von Versuchsreihen zur vergleichenden Beurteilung des Spitzen- und des Hubzündungsverfahrens

Die Greif-/Heftschweiß-Werkzeuge sind für die Beurteilung der beiden Verfahren in einer stationären Versuchseinrichtung aufgenommen, die eine eindeutige Positionierung der Versuchswerkstücke auf der Platine des Basisteiles zuläßt - ohne die Gefahr des Verkantens und dem damit einhergehenden Nebenschluß. In dieser Einrichtung können die Prozeßgrößen über dem zeitlichen Verlauf des Heftschweißvorganges aufgezeichnet und damit ausgewertet werden.

5.2.3.1 Heftschweißen mit dem Spitzenzündungsverfahren

Das Lichtbogenbolzenschweißen mit Spitzenzündung gestaltet sich so, daß das Anschweißteil mit seiner Zündspitze auf das Basisteil aufgesetzt wird. Die Einleitung eines sehr hohen Stromes im Kiloamperebereich, der durch eine Kondensatorentladung ermöglicht wird, bewirkt ein explosionsartiges Verdampfen der Zündspitze und die Ausbreitung eines Entladungslichtbogens. Dieser Lichtbogen schmilzt das Anschweißteil und das Basisteil örtlich auf, während über die Bewegungselemente das Anschweißteil in Richtung Basisteil in die Schmelze beschleunigt wird, die schnell erkaltet und damit die Heftstelle bildet.

Der Vorgang des entwickelten Heftschweißens nach dem Spitzenzündungsverfahren ist in Bild 17 dargestellt, aus dem die besonderen Charakteristika dieses Verfahrens mit den hohen Strömen und den sehr kurzen Schweißzeiten abzulesen sind. Aus dieser Charakteristik erklärt sich die Gefahr der Instabilität des Heftschweißvorganges, weil kleinste Unregelmäßigkeiten, wie beispielsweise Verunreinigungen der Kontaktflächen, zu ungleichmäßigen Ergebnissen führen.

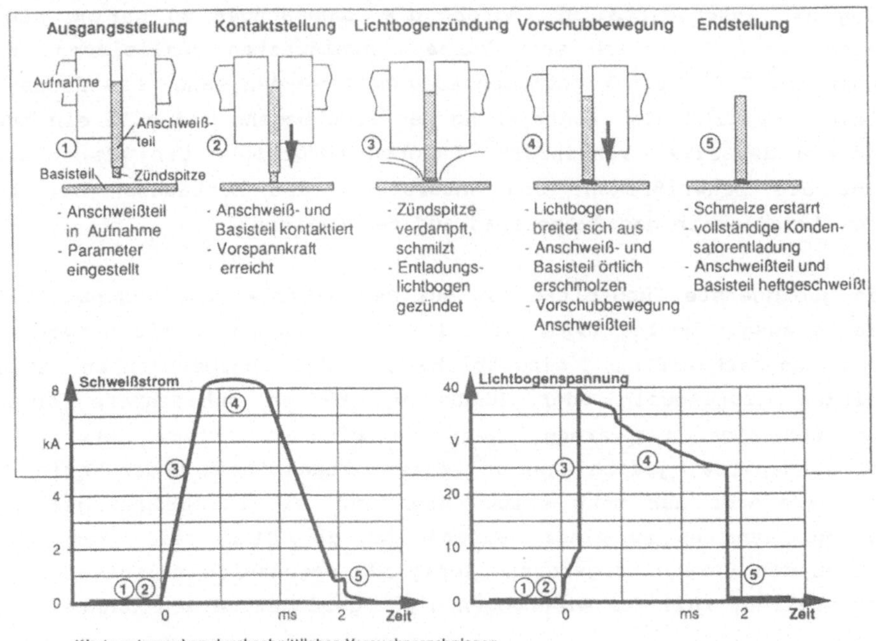

Bild 17: **Ablaufgestaltung und Meßergebnisse beim Lagefixieren des Versuchswerkstückes mit dem Heftschweißen basierend auf dem Spitzenzündungsverfahren**

Entscheidend für eine einwandfreie Heftschweißung ist die Art und Geometrie der Zündspitze, was sich bei den Heftschweißungen mit den Versuchswerkstücken eindeutig herausgestellt hat. Der Heftschweißvorgang ist von außen nicht zu steuern. Die Zündspitze ist entscheidend für das Zündverhalten des Lichtbogens und bestimmt, wie lange dieser Lichtbogen ansteht. Die eigentliche Zündspitze besteht, wie beim Lichtbogenbolzenschweißen, aus den zwei Geometrieelementen Zündelement und Flanschelement. Ist der Durchmesser des Zündelementes zu groß, entsteht bestenfalls eine sogenannte kalte Verschweißung, sofern ausreichend Schweißstrom und Vorspannung angelegt waren. Weist das Zündelement einen zu geringen Durchmesser auf, führen die Vorspannungskräfte zu plastischen Verformungen. Die Länge des Zündelementes ist ausschlaggebend für die Lichtbogenbrennzeit und die benötigte Beschleunigung des Anschweißteiles. Sofern die Abmessungen zu gering sind, lassen sich lediglich sehr kurze Schweißzeiten realisieren, bei denen zum Teil kein Lichtbogen aufgebaut werden kann. Das Flanschelement bewirkt eine Zentrierung des Lichtbogens und soll ein Auswandern desselben verhindern. Daneben vergrößert das Flanschelement die Schweißfläche und unterstützt das Eintauchen des Anschweißteiles in das Schmelzbad auf dem Basisteil.

Die geeignetste Zündspitze ist aus dem Material des Anschweißteiles herausgearbeitet (vgl. Bild 18). Untersuchungen mit aufgeklebten, angeschweißten, eingetriebenen oder aufgesteckten Zündspitzen, Zündkegeln oder Zündkugeln weisen schlechtere Eigenschaften nach. Sie ermöglichen zwar eine einfachere Herstellung der Zündspitze, jedoch kann mit diesen Zündspitzen trotz Variation der Parameter nur sehr selten überhaupt ein Lichtbogen gezündet werden. Wenn es zu einer Verbindungen der Einzelteile kommt, so zeigen die Versuchsergebnisse lediglich sogenannte kaltgeschweißte Heftstellen, weil der Lichtbogen nicht gezündet werden konnte.

Die auf die Zündspitzengeometrie anzupassenden Parameter sind der Schweißstrom und die Vorspannung. Die Schweißzeit ist direkt abhängig von der Vorspannung und der Federkennlinie. Schweißzeiten von weniger als 2 Millisekunden führen dazu, daß die Beschleunigung des Anschweißteiles in die Schmelze des Basisteiles in einem extrem kurzen Zeitraum erfolgen muß. Ist aufgrund nicht ausreichender Beschleunigungen der Zeitraum für das Eintauchen des Anschweißteiles zu lang, kommt es zu keiner Verbindung, weil die Schmelze dann bereits erstarrt ist.

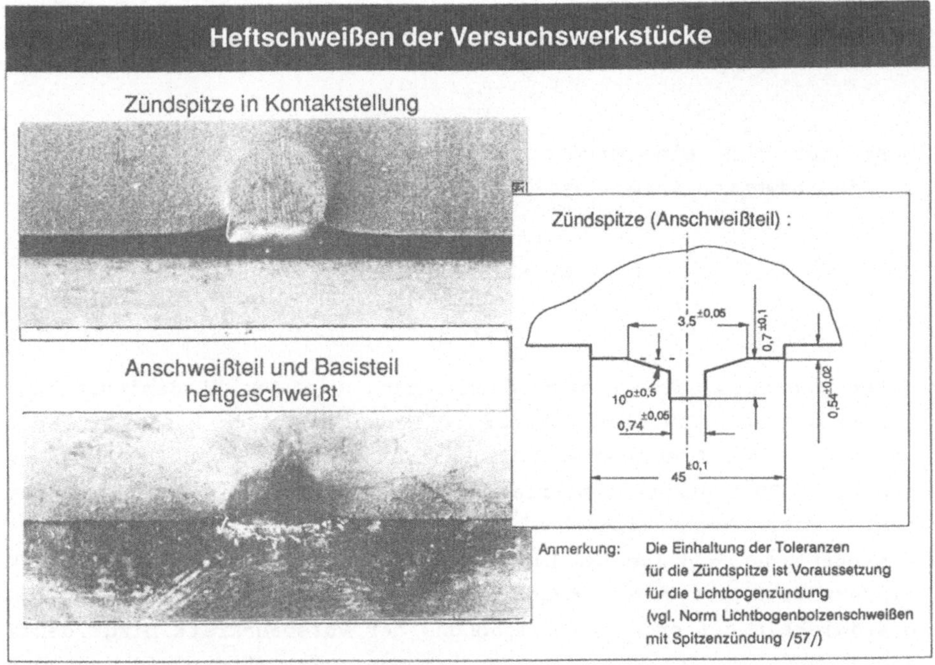

Bild 18: Optische Beurteilung einer Heftschweißung nach dem Spitzenzündungsverfahren mit komplexer Zündspitze

Bei einer Vielzahl von Proben ist aus der in der Schmelzzone glänzend ausgebildeten Bruchfläche erkennbar, daß keine ausreichende Eintauchgeschwindigkeit vorliegt. Dies deutet auf ein Eintauchen des Anschweißteiles in die bereits abgekühlte Schmelze hin. Eine Betrachtung der Bewegungsvorgänge ergibt mit den im Bild 19 dargestellten Versuchswerten ihre direkte Abhängigkeit von der zu beschleunigenden Masse m und der Vorspannkraft F_c. Da in den Ansatz die Erdbeschleunigung g eingehen muß, ist die Beschleunigung lageabhängig. Im Rahmen der Versuche soll von einer senkrechten Heftsschweißrichtung und Federvorspannung ausgegangen werden. Mit

$$a * (m_G + m_A) = F_c + (m_G + m_A) * g \qquad (1)$$

und dem Zusammenhang von Beschleunigung a, Weg s sowie Lichtbogenbrennzeit t_L

$$a = \frac{2 * s}{t_L^2} \tag{2}$$

berechnet sich eine theoretische Masse für das Anschweißteil m_A und den bewegten Anteil des Greif-/Heftschweiß-Werkzeuges m_G mit

$$m_G + m_A = \frac{F_c}{\frac{2 * lz}{t_L^2} - g} \tag{3}.$$

Unter Ansetzung der vorgegebenen Werte, wie der Zündspitzenlänge l_z, ergibt sich für die maximal zu beschleunigende Masse ein Wert von 150 Gramm. Dies begrenzt den Einsatzbereich des Heftschweißens nach dem Spitzenzündungsverfahren, weil es dadurch lediglich bei sehr kleinen Anschweißteilen sinnvoll anzuwenden ist. Größere Massen benötigen größere Beschleunigungskräfte, die in Form von Reaktionskräften auf den Industrieroboter wirken und dessen Funktionsfähigkeit gefährden. Die Erhöhung der Vorspannkraft birgt dabei die Gefahr von plastischen Verformungen der Zündspitze, so daß keine Erhöhung der zu bewegenden Masse möglich wird.

Die Beurteilung der durchgeführten Heftschweißungen ist zunächst über eine Prozeßbeobachtung und weiterhin über eine optische Prüfung der Heftstelle möglich. Auf eine einwandfreie Heftschweißung kann man dann eindeutig schließen, wenn das Anschweißteil mit geringem Spalt auf dem Basisteil aufsitzt und sich um die Heftstelle eine gleichmäßige, strahlenförmige Materialverteilung ausgebildet hat. Die optimale Energieeinstellung und -einbringung ist an der Wulstform und dem Einbrand abzulesen. Ist die Zündspitze nach dem Heftschweißvorgang noch deutlich zu erkennen, war sie zu groß, und hat sich der Einbrand seitlich von der Zündspitze in das Material des Anschweißteiles eingefressen, war sie zu gering (Bild 18). Da diese Beurteilungen rein empirisch sind, muß ein Bewertungskriterium gefunden werden, das im Rahmen des schweißtechnischen Modelles eindeutige Rückschlüsse auf die Güte der Heftverbindung zuläßt. Hierzu bietet sich die Festigkeit an, die u.a. mit dem Zugversuch zu ermitteln ist.

In Bild 19 sind die mittleren Versuchsergebnisse aufgelistet, die sich bei optimaler Vorgabe für die Parameter einstellen. Als Ergebnis dieser Versuche mit dem Spitzenzündungsverfahren ist daher festzuhalten, daß sich dieses Verfahren für das Heftschweißen der Versuchswerkstücke grundsätzlich eignet, wie aus dem Makroschliff

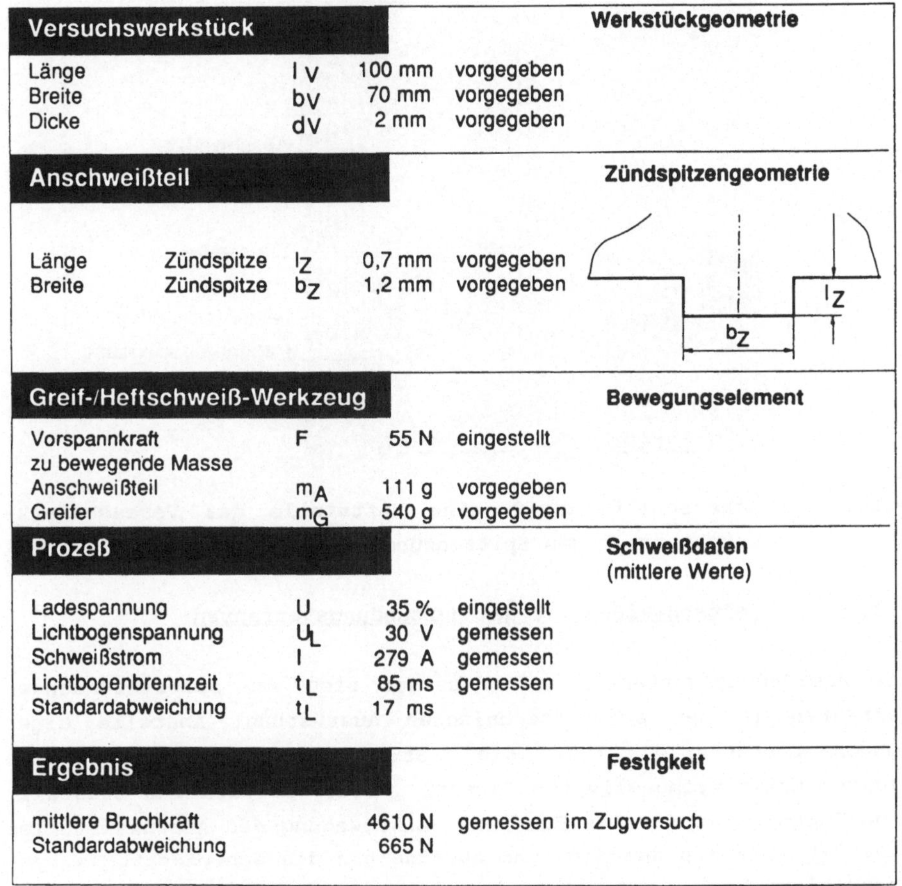

Versuchswerkstück					Werkstückgeometrie
Länge		l_V	100 mm	vorgegeben	
Breite		b_V	70 mm	vorgegeben	
Dicke		d_V	2 mm	vorgegeben	
Anschweißteil					**Zündspitzengeometrie**
Länge	Zündspitze	l_Z	0,7 mm	vorgegeben	
Breite	Zündspitze	b_Z	1,2 mm	vorgegeben	
Greif-/Heftschweiß-Werkzeug					**Bewegungselement**
Vorspannkraft		F	55 N	eingestellt	
zu bewegende Masse					
Anschweißteil		m_A	111 g	vorgegeben	
Greifer		m_G	540 g	vorgegeben	
Prozeß					**Schweißdaten** (mittlere Werte)
Ladespannung		U	35 %	eingestellt	
Lichtbogenspannung		U_L	30 V	gemessen	
Schweißstrom		I	279 A	gemessen	
Lichtbogenbrennzeit		t_L	85 ms	gemessen	
Standardabweichung		t_L	17 ms		
Ergebnis					**Festigkeit**
mittlere Bruchkraft			4610 N	gemessen im Zugversuch	
Standardabweichung			665 N		

Bild 19: Ergebnisse der Versuche zum Nachweis der Machbarkeit des Heftschweißens nach dem Spitzenzündungsverfahren

ersichtlich wird (Bild 20). Wichtige Erkenntnis der Versuche sind allerdings die hohen Anforderungen an die toleranzarme Fertigung der Zündspitzengeometrie und die engen Einstellbereiche für die Parameteranwahl, was durch den hohen Anteil von mehr als 4 Fehlschweißungen bei einer Versuchreihe mit 10 Proben belegt wird. Nicht der Norm entsprechende Geometrieelemente oder von der Norm abweichende Toleranzen bei der Fertigung der Zündspitze lassen keine Lichtbogenzündung zu.

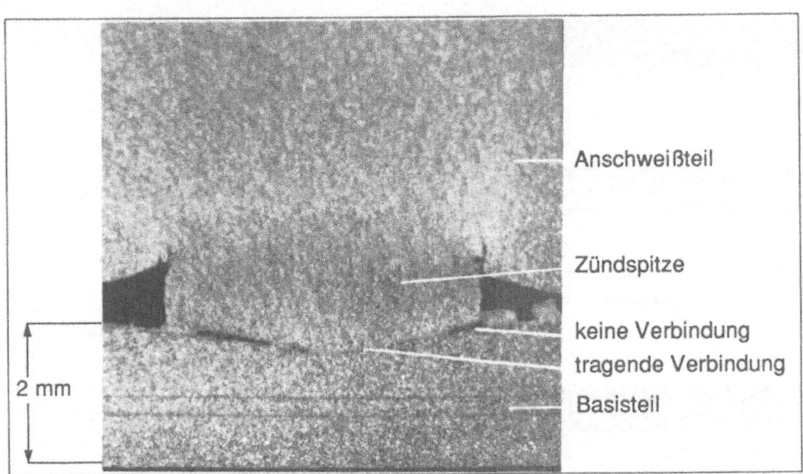

Bild 20: Makroschliff durch eine Heftstelle des Versuchswerkstückes nach dem Spitzenzündungsverfahren

5.2.3.2 Heftschweißen mit dem Hubzündungsverfahren

Das Hubzündungsverfahren unterscheidet sich vom Spitzenzündungsverfahren in der schweißtechnischen Ausrüstung. Anstelle einer Kondensatorbatterie für die Stromversorgung kommt eine Gleichrichterstromquelle zum Einsatz. Weiterhin wird ein zusätzliches Steuergerät für die Hub- und Senkbewegung des Anschweißteiles benötigt, die mit dem Ein- und Ausschalten des Schweißstromes synchronisiert sein muß. Es sind mehrere Varianten des Hubzündungsverfahrens bekannt, die im Vergleich zum Standardverfahren geringere Energieeinbringungen ermöglichen, und somit dünnere Bleche und artfremde Werkstoffe besser verbinden können /66/. Das

Kurzzeitverfahren und das Ultrakurzzeitverfahren zeichnen sich durch kürzere Schweißzeiten und damit geringerer Energieeinbringung aus. Im Rahmen der Versuche mit dem Versuchswerkstück (vgl. Bild 21) ist diese Verkürzung der Schweißzeiten nicht erforderlich, so daß das Standardverfahren zum Einsatz kommen kann.

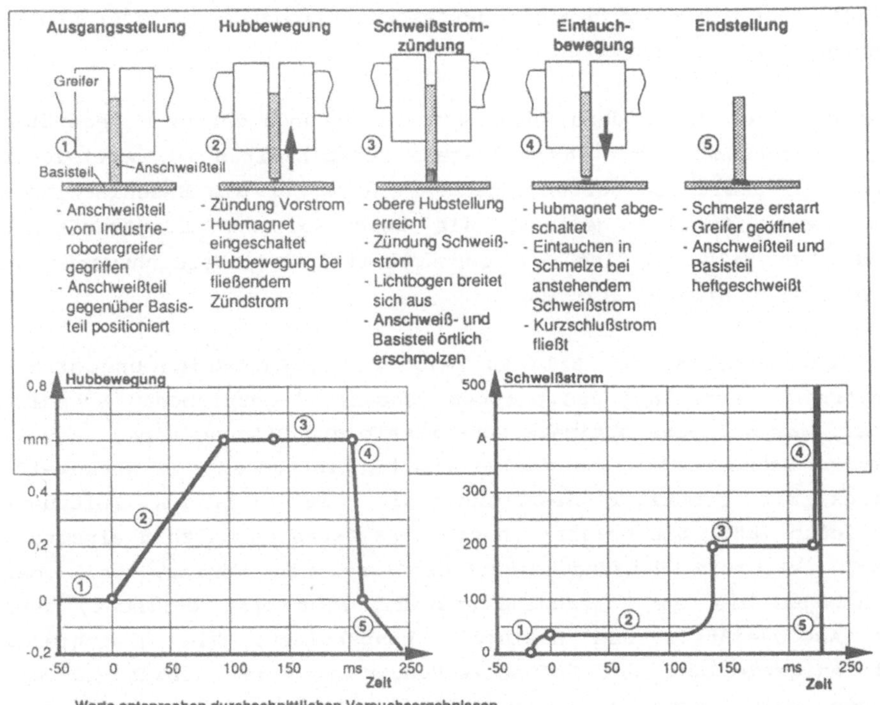

Bild 21: Ablaufgestaltung und Meßergebnisse beim Lagefixieren des Versuchswerkstückes mit dem Heftschweißen basierend auf dem Hubzündungsverfahren

Nach der Kontaktierung des Anschweißteiles gegenüber dem Basisteil gestaltet sich der Vorgang des Hubzündungsverfahrens so, daß über die beweglichen Magnetfinger des Greif-/Heftschweiß-Werkzeuges das Anschweißteil vom Basisteil abgehoben wird und bei gleichzeitiger Einschaltung eines Schweißstromes ein Lichtbogen gezündet wird. In der obersten Hubstellung wird dann der maximale Schweißstrom aufgebracht, und die beiden Schweißteile sind durch den Lichtbogen lokal erschmolzen. Nach einem einstellbaren Zeitraum im Bereich von Millisekunden taucht das Anschweißteil federbewegt in das Schmelzbad auf dem Basisteil ein, womit die Heftschweißung durchgeführt ist. Der Hubverlauf des Anschweißteiles und der Stromverlauf sind in Abhängigkeit von der Zeit in Bild 21 graphisch dargestellt. Die Werte entsprechen durchschnittlichen Versuchsergebnissen für das Versuchswerkstück.

Dieser Ablauf führt dazu, daß beim Hubzündungsverfahren gegenüber dem Spitzenzündungsverfahren längere Schweißzeiten zu realisieren sind, und damit die aufzubringenden Kräfte für die Beschleunigung des Anschweißteiles geringer als beim Spitzenzündungsverfahren sind. Aus Bild 22 sind die durchschnittlichen Versuchswerte im Vergleich zu Bild 19 abzulesen.

Die Heftschweißung aus Bild 23 zeigt die gleichmäßige und strahlenförmige Verteilung des aus dem Schmelzbad getriebenen Schmelzgutes, was auf eine optimale Schweißzeit mit Bildung eines ausreichenden Schmelzbades und das angepaßte Eintauchen des Anschweißteiles mit richtiger Geschwindigkeit zum richtigen Zeitpunkt schließen läßt. Die Gefahr, in ein erkaltetes Schmelzbad einzutauchen, ist beim Hubzündungsverfahren relativ gering, weil der Lichtbogen bis zum Kurzschluß ansteht, also erst erlischt, wenn das Anschweißteil das Basisteil kontaktiert. Die gleichfalls befriedigende Güte der Heftschweißungen nach dem Hubzündungsverfahren wird durch den Makroschliff in Bild 24 verdeutlicht. Im Vergleich zu Bild 20 ist trotz der anderen Schnittrichtung, die es ermöglicht den Schnitt durch den Schweißwulst zu legen, die größere Wärmeeinflußzone, der größere Schweißwulst und die größere verbundene Zone beim Heftschweißen nach dem Hubzündungsverfahren, aufgrund der längeren Schweißzeit und höheren Energieeinbringung, zu erkennen.

Versuchswerkstück				Werkstückgeometrie
Länge		l_V	100 mm	vorgegeben
Breite		b_V	70 mm	vorgegeben
Dicke		d_V	2 mm	vorgegeben
Anschweißteil				**Zündspitzengeometrie** (vgl. Bild 18)
Breite	Flansch	b_F	3,5 mm	vorgegeben
Länge	Zündspitze	l_Z	0,74 mm	vorgegeben
Durchmesser	Zündspitze	d_Z	0,7 mm	vorgegeben
Greif-/Heftschweiß-Werkzeug				**Bewegungselement**
Vorspannkraft		F	340 N	eingestellt
zu bewegende Masse				
Anschweißteil		m_A	94 g	vorgegeben
Greifer		m_G	250 g	vorgegeben
Prozeß				**Schweißdaten** (mittlere Werte)
Ladespannung		U	35 %	eingestellt
Lichtbogenspannung		U_L	34 V	gemessen
Schweißstrom		I	5625 A	gemessen
Lichtbogenbrennzeit		t_L	1,12 ms	gemessen
Standardabweichung		t	0,14 ms	
Ergebnis				**Festigkeit**
mittlere Bruchkraft			5230 N	gemessen im Zugversuch
Standardabweichung			579 N	

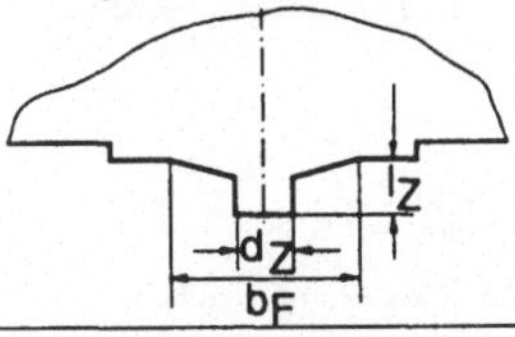

Bild 22: Ergebnisse der Versuche zum Nachweis der Machbarkeit des Heftschweißens nach dem Hubzündungsverfahren

Die entscheidenden Parameter bei diesem Verfahren sind die Hubhöhe, die Schweißzeit und der Schweißstrom. Alle Parameter sind über entsprechende Einstellwerte steuerbar. Die Einstellwerte ergeben in angemessenen Toleranzgrenzen reproduzierbare Ergebnisse, wie die Machbarkeitsuntersuchungen zeigten. Dabei ist darauf zu achten, daß Mindestwerte für den Abhub und den Schweißstrom überschritten werden, um überhaupt einen Lichtbogen zu zünden. Die Versuchsreihen mit unterschiedlichen Zündspitzengeometrien zeigen,

daß sie wenig Einfluß haben; sie muß allein einen definierten Ort für die Lichtbogenzündung bilden, die Lichtbogenformung unterstützen und Volumen für das Abschmelzen bereitstellen.

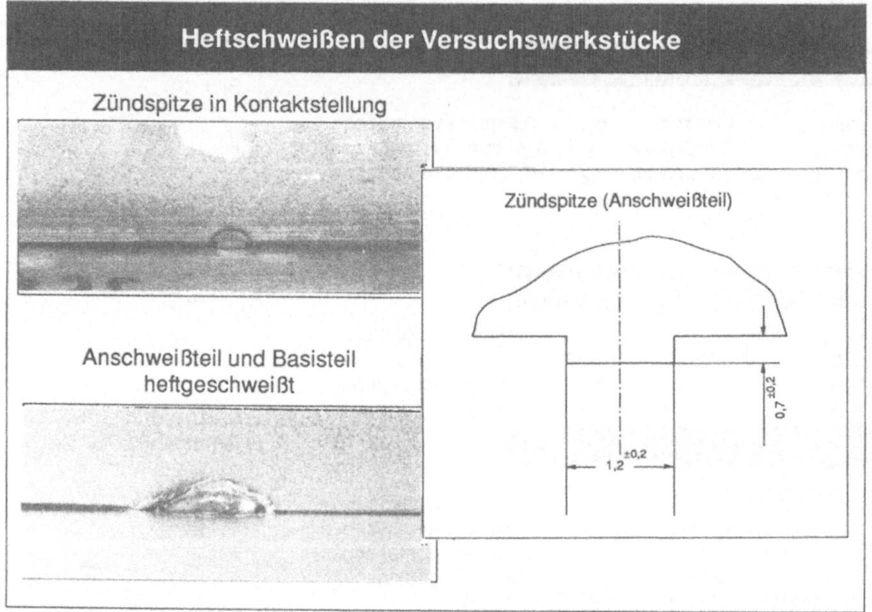

Bild 23: Optische Beurteilung einer Heftschweißung nach dem Hubzündungsverfahren mit einfacher Zündspitze

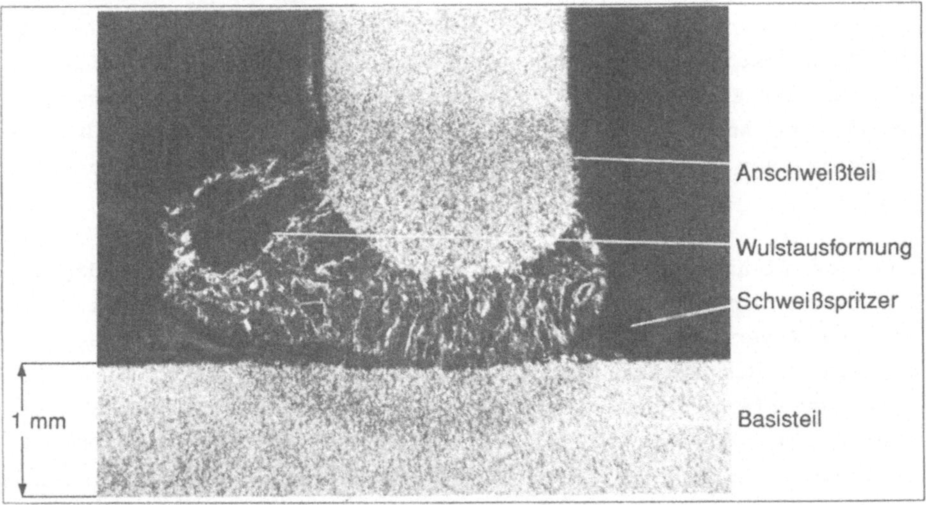

Bild 24: Makroschliff durch eine Heftstelle des Versuchswerkstückes nach dem Hubzündungsverfahren

5.3 Auswahl des Hubzündungsverfahren für das Heftschweißen

Das entscheidende Ergebnis der Versuche zum Nachweis der Machbarkeit des Heftschweißens ist die eindeutige Bewertung der beiden Bolzenschweißverfahren. Das Hubzündungsverfahren stellt bei gleichen Schweißergebnissen, im Vergleich zum Spitzenzündungsverfahren, weitaus geringere Anforderungen an die Gestaltung und Ausformung der Zündspitze sowie die Einstellgenauigkeiten der Heftschweißparameter. Die Zündspitze kanns mit flexiblen Schneidverfahren (z.B. Knabber- oder Laserschneiden) ohne enge Toleranzen und entsprechenden Fertigungsaufwand einfach in der Vorfertigung hergestellt werden.

In direktem Zusammenhang mit den Unterschieden bei der Zündspitze stehen die Schweißzeiten. Die sehr kurzen Schweißzeiten des Spitzenzündungsverfahrens verlangen Beschleunigungen, die mit dem Greif-/Heftschweiß-Werkzeug nur sehr schwer und mit einem Industrieroboter gar nicht zu realisieren sind. Demgegenüber sind die

Beschleunigung des Anschweißteiles und die zusätzliche Hubbewegung beim Hubzündungsverfahren, zwar ebenfalls nicht mit dem Industrieroboter, aber zumindest mit zusätzlichen Bewegungselementen im Greif-/Heftschweiß-Werkzeug vergleichsweise einfach auszuführen. Hieraus erklären sich die mehr als doppelt so hohen, bewegbaren Massen der Anschweißteile, die eher der Bandbreite, der für das Heftschweißen relevanten Bauteile entsprechen (vgl. Abschnitt 4.2.1).

Aus der Abhängigkeit des Heftschweißablaufes von der Zündspitze und deren Einfluß auf die Steuerung des Vorganges erklärt sich die geringe Zuverlässigkeit und die damit einhergehende hohe Störanfälligkeit des Spitzenzündungsverfahrens. Die Steuerung beim Hubzündungsverfahren übernimmt stattdessen eine in der Schweißstromquelle untergebrachte Schaltung. Diese und der längere Schweißzeitraum erlauben einen sichereren Prozeß, weil beispielsweise Zustände abgefragt und einzelne Parameter somit geregelt und nicht mehr nur gesteuert werden können. Dies wirkt sich direkt auf die Einstellgenauigkeit der Prozeßparameter aus. Eine solche Schweißstromquelle erfordert jedoch eine höhere Investitionssumme, als sie bei der Kondensatorstromquelle des Spitzenzündungsverfahrens notwendig wird.

Das Spitzenzündungsverfahren weist also gegenüber dem Hubzündungsverfahren eindeutige Nachteile auf, weshalb sich die weitere Entwicklung des Heftschweißens ganz auf das Hubzündungsverfahren konzentriert.

6 Eperimentelle Ermittlung der relevanten Parameter beim Heftschweißen nach dem Hubzündungsverfahren

Die Durchführung experimenteller Untersuchungen in einem Versuchsstand kann nicht alle Anwendungsfälle abdecken. In einer experimentellen Untersuchung können zwar die entscheidenden Parameter umfassend studiert werden, jedoch sind die Ergebnisse immer abhängig von Versuchsaufbau, Versuchsbedingungen und Versuchsparametern. Ziel der experimentellen Untersuchung des entwikkelten Heftschweißens muß es daher sein, die gewonnenen Erkenntnisse so auszuwerten, daß sie direkt in die Entwicklung der Betriebsmittel eingehen und dem späteren Anwender Hilfestellung geben können. Die Versuchsergebnisse müssen deshalb unter dem Gesichtspunkt ihrer Bedeutung und Gültigkeit auch für andere Verhältnisse betrachtet werden, um die Übertragbarkeit der Versuchsergebnisse zu gewährleisten. Aus diesem Grund ist ein Modell für die Zusammenhänge zwischen den Parametern zu entwickeln, das für sämtliche Heftschweißvorgänge allgemein gültig ist - unabhängig von Bauteilausführungen oder zum Einsatz kommender Betriebsmittel.

Ein schweißtechnisches Modell für das flexible Heftschweißen muß so aufgebaut sein, daß die Einflüsse der Parameter auf den Schweißprozeß und damit auf die Güte der Heftstelle deutlich werden. Um diese Zielsetzung zu erreichen, ist eine hierarchische Gliederung[1)] der Parameter vorzunehmen, die eine Gewichtung der Parameter entsprechend ihrem zeitlichen Auftreten erlaubt. Alle betreffenden Parameter sind dabei in Klassen einzuteilen, so daß ihre Abhängigkeit untereinander deutlich wird. Entsprechend muß eine Gewichtung der Parameter in direkte Prozeßparameter, also die direkten Prozeßgrößen während des Heftschweißvorganges, und in indirekte, also fest vorgegebene oder frei wählbare Parameter vorge-

---

1) So muß beispielsweise der Zusammenhang zwischen Schweißstrom und Schweißstromquelle ableitbar sein. Die Wahl der Schweißstromquelle hat aber nicht nur Auswirkungen auf den Schweißstrom, sondern auch auf eine Reihe weiterer Parameter, wie z.B. auf die Schweißzeit oder auf die Blaswirkung. Hieraus wird deutlich, wie sich die Parameter in ihrem zeitlichen Auftreten unterscheiden. Bei diesem Beispiel ist also die vorgegebene Schweißstromquelle innerhalb des schweißtechnischen Modelles dem Schweißstrom überzuordnen.

nommen werden. Somit sind die Ergebnisse mit dem Versuchswerkstück im Gesamtzusammenhang zu erfassen, woraus dann die Anwendungsgrenzen des Heftschweißens und seine optimalen Einsatzbedingungen erarbeitet werden können.

6.1 Entwicklung eines schweißtechnischen Schalenmodelles

Das in Bild 25 entwickelte Schalenmodell, läßt diese Gliederung in Abhängigkeit vom zeitlichen Auftreten der Parameter zu, und berücksichtigt eine hierarchische und zeitliche Zuordnung. Mit dem Aufbau von Parameterklassen oder -schalen kann die Abhängigkeit der Parameter untereinander einfach über die Zuordnung zu den Schalen festgelegt werden. Jede Schale beinhaltet also ausschließlich Parameter, die entweder nach oder während des Heftschweißvorganges auftreten, bzw. die vor dem eigentlichen Auslösen des Heftschweißvorganges vorgegeben oder eingestellt werden. Ziel des Modelles ist die Einteilung aller Parameter im Hinblick auf ihre Auswirkungen auf den Heftschweißprozeß. Daher bietet sich als Kern des Modelles der oder die Parameter an, mit denen jede Heftschweißung eindeutig und vergleichbar zu bewerten ist.

Der einzige Parameter, der als Kern des Schalenmodelles genutzt werden kann, ist die Festigkeit einer Heftstelle. Die Festigkeit eignet sich als Beurteilungskriterium für die Güte der Heftstelle wegen der direkten Überprüfbarkeit der Heftschweißung, der einfachen Vergleichbarkeit und dem vertretbaren Aufwand auch bei der Vielzahl von zu beurteilenden Proben besonders gut. Die Festigkeit läßt eindeutige Rückschlüsse auf die einwandfreie Verschweißung von Anschweiß- und Basisteil zu, ohne daß das Gefüge in der Heftstelle aufwendigen metallurgischen Untersuchungen unterzogen werden muß. Auf heftgeschweißte Anschweißteile und damit auf die Heftstelle wirken nur die in Abschnitt 4.2.2 hergeleiteten Gewichts- und Verzugsbeanspruchungen, weil das Bauteil erst nach dem Vorgang des Ausschweißens den realen Belastungsverhältnissen unterworfen wird. Als Beurteilungskriterium sollte daher die Zugfestigkeit der Biegefestigkeit und anderen Festigkeitsarten vorgezogen werden, weil diese einfach mit dem Zugversuch ermittelt werden kann, und sie auch eher den realen Belastungsverhältnissen entspricht.

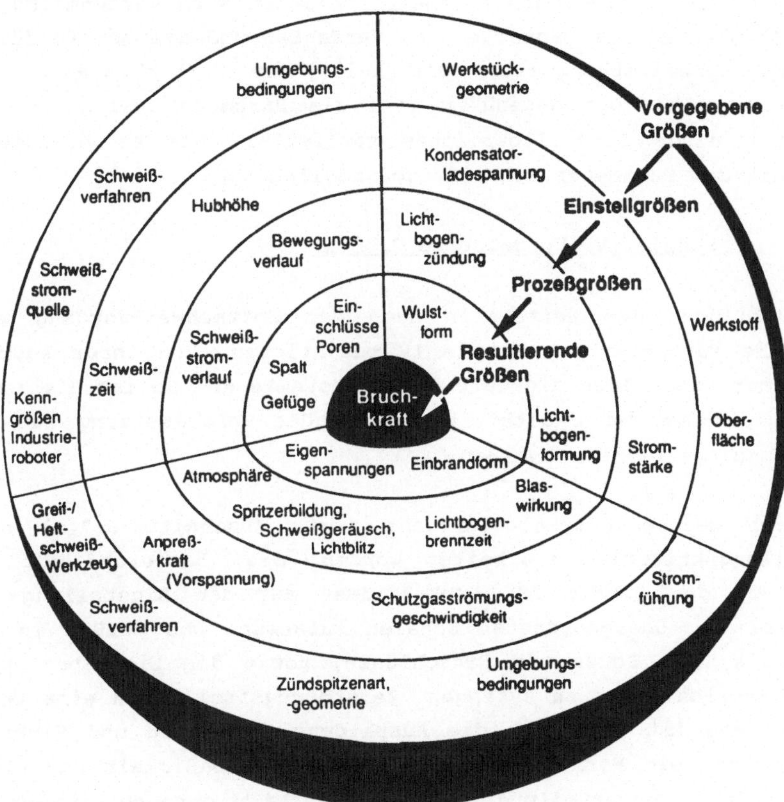

Bild 25: Heftschweiß-Schalenmodell für den Einsatz beim Lagefixieren mit Schweißrobotern

Mit der Festigkeit der Heftstelle liegt somit der Kern des Modelles in Form der Bruchkraft vor. Um diesen Kern sind die relevanten Parameter des Heftschweißens entsprechend ihrem zeitlichen Auftreten in vier Schalen anzuordnen. Die Parameter der Schale IV (Vorgegebene Größen) ergeben sich aufgrund des Ablaufes des Heftschweißprozesses. Die Verhältnisse während des Schweißprozesses werden von den Parametern in der Schale III (Einstellgrößen) bestimmt. Eine praxisgerechte Unterteilung der indirekten Parameter ist die Aufteilung in die einstellbaren der Schale II (Prozeßgrößen) und die vorzugebenden der Schale I (Resultierende Größen) . Die vorgegebenen Parameter beziehen sich vornehmlich auf die Heftaufgabe, die Bauteile, das Verfahren und die zur Verfügung stehende Schweißstromquelle, die bei jeder Heftschweißung fest vorgegeben sind. Dem gegenüber sind die Parameter der Schale II innerhalb eines Einstellbereiches variierbar, wie es beispielsweise mit dem Parameter Schweißstrom möglich ist.

6.1.1 Schale IV (Vorgegebene Größen)

Die Ausbildung der Heftstelle nach dem Heftschweißvorgang wird durch die Parameter der Schale IV beschrieben. Von ihrer Ausbildung hängt maßgeblich die Güte der Heftstelle ab. So ist die optimale Ausbildung der Spaltbreite bzw. -güte Voraussetzung für ein funktionssicheres Ausschweißen.

Anläßlich der Machbarkeitsversuche (vgl. Abschnitt 5.2.3) sind Beurteilungskriterien erarbeitet worden, die, basierend auf den Parametern der Schale IV, Rückschlüsse auf die Einstellung der Parameter der übergeordneten Schalen zulassen. Das Gefüge in der Heftstelle, die Poren und Einschlüsse, sowie die Eigenspannungen sind äußerlich nicht zu erkennen. Zerstörungsfrei durch eine reine Sichtprüfung ist lediglich die Ausbildung von Wulst und Einbrand zu erkennen. Die Form, Durchgängigkeit, Gleichmäßigkeit und Oberfläche mit Porenverteilung des Wulstes läßt dennoch eindeutige Aussagen über die Heftschweißung zu. Die Form des Einbrandes ist ein weiterer, sehr wichtiger Parameter, der die Aussagen über die Wulstform unterstützt.

6.1.2 Schale III (Einstellgrößen)

Die Parameter der Schale III sind die eigentlichen Prozeßgrößen. Sie unterliegen zum Teil erheblichen Änderungen während des zeitlichen Verlaufes des Heftschweißvorganges. Der zeitliche Verlauf wird am Schweißstrom und der zugehörigen Schweißspannung am deutlichsten, weil ihre Werte sich vom Zünden über die volle Ausbreitung des Lichtbogens bis zum Kurzschluß stark ändern. Ihnen direkt zuzuordnen ist der Bewegungsverlauf des Anschweißteiles.

Die Ausbildung des Lichtbogens mit seinen Zündeigenschaften, seiner Formung und seiner Wanderung sind weitere wichtige Parameter der Schale III. Auch der Lichtbogen unterliegt zeitlichen Änderungen und aufgrund von Lichtbogenkräften[2)] oder Blaswirkung nicht unbeträchtlichen Toleranzen. Während des Heftschweißvorganges kann man Schweißspritzer, Lichtblitz und Schweißgeräusch registrieren, die ebenfalls den Parametern der Schale III zuzuordnen sind. Da sie Rückschlüsse auf den Prozeß ermöglichen, müssen sie ebenfalls in dem Schalenmodell berücksichtigt werden.

6.1.3 Schale II (Prozeßgrößen)

Die Einstellgrößen der Schale II sind die von Heftschweißung zu Heftschweißung relativ einfach veränderbaren Parameter. Die Veränderungen sind entweder an der Schweißstromquelle oder am Greif-/Heftschweiß-Werkzeug vorzunehmen.

An der Schweißstromquelle werden die Schweißstromstärke und die Schweißzeit vorgewählt. Beim Hubzündungsverfahren liegen die realisierbaren Schweißzeiten sehr viel höher als beim Spitzenzündungsverfahren, und damit ergibt sich eine größere Variationsbreite. Die Schweißzeit bezieht sich auf eine einstellbare Zeit, die jedoch nicht der Lichtbogenbrennzeit entspricht, sondern lediglich die Zeit angibt, in der der Hubmagnet in seine obere Hubstellung angezogen wird.

Die Bewegungsparameter sind über den Aufbau des Greif-/Heftschweiß-Werkzeuges vorgegeben. Die Vorspannkraft des An-

---

2) Die auf den Lichtbogen wirkenden entscheidenden Lichtbogenkräfte werden von Eichhorn /67/ mit Lichtbogendruckkraft, magnetischer Druck (Pincheffekt), Schwerkraft des übergehenden Schmelzbadtropfens und Kräfte aus der Oberflächenspannung bezeichnet. Die Versuchsergebnisse des Heftschweißens können keine quantitativen Aussagen über die Lichtbogenkräfte und die einzelnen Anteile der jeweiligen Einzelkraft machen. Jedoch können die für das Lichtbogenbolzenschweißen von Rehm, Welz, Habenicht /68/ gemachten allgemeinen Aussagen auch für das Heftschweißen bestätigt werden.

schweißteiles gegenüber dem Basisteil ergibt sich aus der Kennlinie der im Greif-/Heftschweiß-Werkzeug integrierten Federelemente und ihrer Vorspannung aufgrund der Position des Anschweißteiles in der Kontaktstellung. Aus diesen Größen resultieren Eintauchgeschwindigkeit und -beschleunigung, Eintauchweg und -zeit, die damit die untergeordneten Parameter des Bewegungsverlaufes beschreiben. Die Eintauchzeit, die in unmittelbarem Zusammenhang mit der Schweißzeit steht, ist somit nicht direkt, sondern nur indirekt einzustellen. Für das Hubzündungsverfahren ist zusätzlich die Bewegung des Anschweißteiles in entgegengesetzter Richtung relevant. Die Hubhöhe des Anschweißteiles ist über die entsprechenden Leistungsdaten des Magnetes und des Federelementes steuerbar. Der Parameter Hubhöhe ist somit direkt einstellbar.

6.1.4 Schale I (Resultierende Größen)

Die vorgegebenen bzw. vorzugebenden Parameter der Schale I sind diejenigen Parameter, die sich aus dem zu verarbeitenden Bauteilspektrum, den zur Verfügung stehenden Fertigungseinrichtungen und den Umgebungseinflüssen zusammensetzen. Zu den vorgegebenen Größen gehören in erster Linie die Bauteile mit den entsprechenden Anschweißteilen, die wegen ihrer geometrischen Ausformung und werkstofftechnischen Ausprägung starke Auswirkungen auf die Parameter der anderen Schalen haben. Aus der Geometrie der Anschweißteile ergibt sich das sämtliche Bewegungsvorgänge beeinflussende Gewicht. Zur Geometrie der Anschweißteile gehört auch die Ausprägung der Zündspitze.

Neben der Geometrie der Bauteile sind deren Werkstoffe mit ihren Schweißeigenschaften, deren Oberfläche, sowie deren Übergangswiderstand von Bedeutung. Die Verhältnisse beim Heftschweißen sind weiterhin von Textur, Walzrichtung und Kombination der Werkstoffe von Anschweiß- und Basisteil abhängig. Aus der Bauteilgeometrie ergeben sich der Ort der Heftstelle und die Stoßart zwischen Anschweiß- und Basisteil.

Die mit dem Begriff Schweißbedingungen überschriebenen Parameter beziehen sich einerseits auf das Heftschweißverfahren mit seinem gerätetechnischen Aufbau, und andererseits auf die Umgebungsbedingungen. Das einzusetzende Heftschweißverfahren ist mit den zur Verfügung stehenden Schweißstromquellen und Greif-/Heftschweiß-Werkzeugen vorzugeben. Die Vorgaben haben zunächst Auswirkungen auf die Einstell- und Prozeßgrößen, und letztendlich gehen sie in das Heftschweißergebnis ein. Beispielsweise hat die Stromführung über die Leitungen, die Kontaktelemente des Greif-/Heftschweiß-Werkzeuges und über den Masseanschluß Einfluß auf die Ausbildung des Lichtbogens.

Die Umgebungsbedingungen sind in Form von Luftfeuchtigkeit, Verunreinigung und damit der Atmosphäre an der Heftstelle zu beachten. Eventuell zum Einsatz kommende Schutzgase müssen in ihrer Zusammensetzung und Zuführung ebenfalls berücksichtigt werden.

6.2 Versuchsablauf und Versuchsaufbau

Die Vorgehensweise zur weitergehenden Ermittlung der für den Heftschweißvorgang relevanten Parameter und deren gegenseitige Beeinflussung lehnt sich an die Anforderungen und Ergebnisse der ersten Versuche an und soll als Grundlage für die Entwicklung aller Komponenten dienen, die beim Heftschweißen zum Einsatz kommen.

Als Vorgabe ist die Festlegung der Parameter der Schale I anzusehen, weil das Hubzündungsverfahren mit Versuchsaufbau (vgl. Bild 26) und das ausgewählte Versuchswerkstück nicht verändert werden. Allein die Umgebungsbedingungen - und dabei speziell die atmosphärischen Verhältnisse an der Heftstelle - sind in ihren Auswirkungen zu betrachten. Der Einfluß der speziellen Charakteristik des Versuchsaufbaues mit den verwendeten Geräten, wie etwa der Schweißstromquelle und dem Aufbau mit Greif-/Heftschweiß-Werkzeug und seiner stationären Aufnahmevorrichtung, ist bei der Bewertung der Versuchsergebnisse zu berücksichtigen.

Die Parameter der Schale II sind das eigentliche Untersuchungsfeld, weil allein sie als Einstellgrößen einfach zu ändern sind und direkt auf die Prozeßgrößen der Schale III wirken. Gerade die Einflüsse der relevanten Einstellgrößen auf die Parameter der untergeordneten Schalen sind hinsichtlich der Reproduzierbarkeit und des Heftschweißergebnisses zu studieren. Der Versuch, die Abhängigkeiten der Parameter der Schale II untereinander festzustellen, muß ebenfalls im Rahmen dieser Experimente unternommen werden.

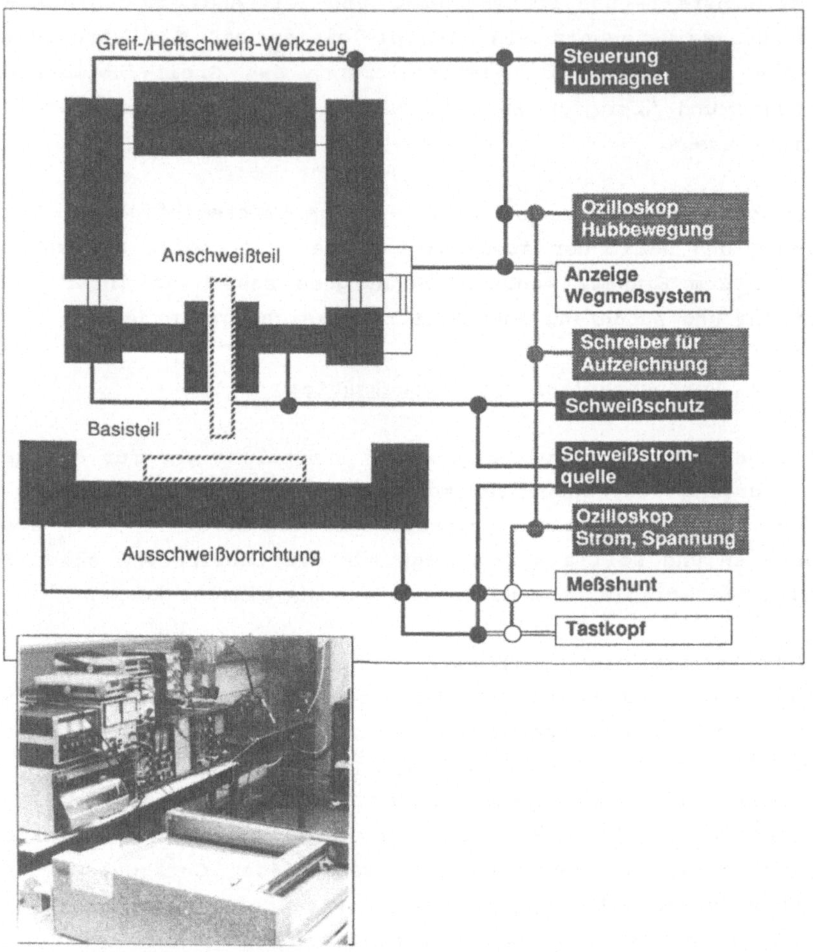

Bild 26: Versuchsaufbau zur Ermittlung der relevanten Parameter beim Heftschweißen

Die notwendige Beobachtung der Parameter der Schale III erfordert wegen der sehr kurzen Prozeßzeiten den in Bild 26 dargestellten

Die notwendige Beobachtung der Parameter der Schale III erfordert wegen der sehr kurzen Prozeßzeiten den in Bild 26 dargestellten Versuchsaufbau, der es erlaubt, den zeitlichen Verlauf der Parameter in Abhängigkeit vom Heftschweißvorgang zu messen. Der komplexe Heftschweißvorgang ist nur dann genau zu beobachten, wenn die Meßwerte zeitgleich aufgenommen werden. Die elektrischen Kenngrößen Lichtbogenspannung und Schweißstrom werden über einen Meßwiderstand und einen Spannungsteiler auf einem Speicheroszilloskop aufgezeichnet und stehen somit für die Auswertungen gemeinsam mit den Werten für die Schweißzeit zur Verfügung. Die Bewegungen des Anschweißteiles sind über ein in den Greif-/Heftschweiß-Werkzeug integriertes Wegmeßsystem erfaßbar, so daß die exakte Einstellung der Vorspannung möglich ist, und die Hub- und die Eintauchbewegung ebenfalls in Abhängigkeit der Zeit aufgenommen werden können.

Die Beurteilung der Heftschweißungen, also vornehmlich die Beurteilung der Parameter der Schale IV, erfolgt mit den gleichen Kriterien, die schon bei den ersten Versuchen zur Anwendung gekommen sind. Jede Probe ist demnach zwei Prüfungen zu unterziehen: Die eine Prüfung soll optisch und zerstörungsfrei das Heftschweißergebnis beurteilen, während die zweite, sich anschließende Prüfung die Bruchkraft ermittelt. Diese Vorgehensweise[3)] bietet sich an, weil aus der Einbrand- und Wulstform und der Geometrie der Übergänge eindeutige Aussagen über den Heftschweißvorgang ableitbar sind. Mit den Ergebnissen der Bruchkraft aus dem Zugversuch zur Ermittlung der erreichten Festigkeit ist die Vergleichbarkeit gewährleistet. Begleitend sind metallographische Untersuchungen vorzunehmen, weil aus dem Schliffbild der Heftstelle eine Beurteilung der Erstarrungsform und der eingeschlossenen Schweißfehler möglich wird.

---

3) Hahn, Schmitt /69/ und grundlegender Rostek /62/ kommen zu einer vergleichbaren Aussage. Bei der Untersuchung verschiedener Prüfverfahren für Bolzenschweißverbindungen wird die geringe Eignung der Schwingungsprüfung, der Klangprüfung, der Stromdurchflutung und des Kerbschlagbiegeversuchs belegt. Allein der Ultraschallprüfung wird für eingeschlossene Fehler ein bestimmter Anwendungbereich zugestanden.

aussetzung für die Versuche geschaffen. Die Bereiche zur Einstellung der Parameter sind durch zwei Bedingungen eingegrenzt. Erstens muß ein Lichtbogen überhaupt gezündet und sein Ausbreiten unterstützt werden. Zweitens muß eine Verbindung zwischen Anschweißteil und Basisteil vollzogen werden. Diese eigentlich selbstverständlichen Bedingungen müssen vor dem Hintergrund der sehr engen Einstellbereiche gesehen werden, in denen überhaupt ein Heftschweißen stattfindet. Die weiteren Versuchsergebnisse beziehen sich immer auf Heftschweißungen, die diese grundsätzlichen Bedingungen erfüllen. Um genauere Aussagen über den Einfluß der Parameter zu erarbeiten, muß der Versuch unternommen werden, die relevanten Parameter zunächst isoliert, in ihrem Verlauf und Einfluß auf den Heftschweißvorgang sowie die Wiederholbarkeit der Werte zu betrachten. Wegen des vielschichtigen Heftschweißvorganges, sind jedoch endgültige Aussagen erst durch das Zusammenspiel der relevanten Parameter und die Betrachtung ihrer Abhängigkeiten möglich.

6.3.1 Versuchsergebnisse zum Schweißstrom

Die Aufnahme des Verlaufes des Schweißstromes über der Zeit in Bild 27 während einer typischen Heftschweißung zeigt, in weiterer Detaillierung der in Abschnitt 5.2.3.2 gemachten Aussagen zum Hubzündungsverfahren, drei charakteristische Bereiche. Im ersten Bereich fließt ein Vorstrom, der zweite Bereich wird durch den Schweißstrom bei brennendem Lichtbogen gebildet, und im dritten Bereich tritt der Kurzschlußstrom auf. Der Vorstrom nimmt konstante Werte an, die sich aus der Schweißstromquelle ergeben und nicht verändert werden können. Der Kurzschlußstrom, der sich typischerweise bei der verwendeten Transduktorstromquelle ausbildet, tritt mit sehr unregelmäßigen Spitzenwerten und ohne direkt nachvollziehbare Gesetzmäßigkeiten auf. Der Vorstrom und der Kurzschlußstrom haben keinen direkten Einfluß auf das Ergebnis des Heftschweißens und sind daher nicht weiter zu betrachten. Es sind daher Schweißstromquellen zum Einsatz zu bringen, die das Auftreten des Kurzschlußstromes begrenzen, und damit eine erhöhte Energieeinbringung in die Heftstelle verhindern. Der Schweißstrom verläuft während der Lichtbogenbrennzeit konstant oder leicht

ten des Kurzschlußstromes begrenzen, und damit eine erhöhte Energieeinbringung in die Heftstelle verhindern. Der Schweißstrom verläuft während der Lichtbogenbrennzeit konstant oder leicht fallend, bei zeitweise auftretenden Stromspitzen zum Einschaltpunkt der vollen Stromstärke.

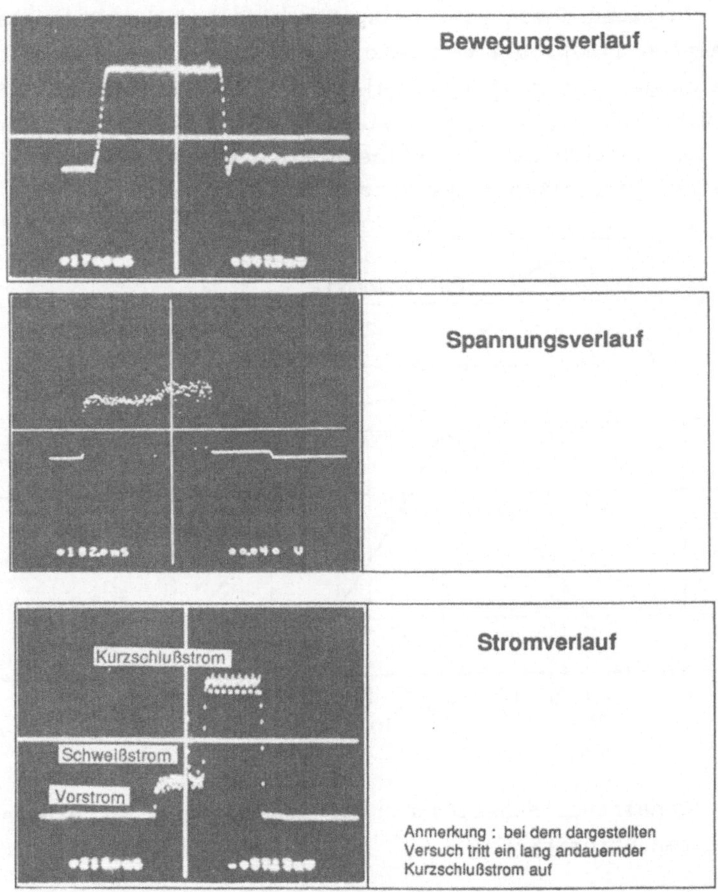

Bild 27: Darstellung der Messungen des Schweißstromverlaufes im Verhältnis zu Schweißspannung und Bewegungsvorgang im Versuchsaufbau für das Versuchswerkstück

sondern lediglich in Grenzen einzustellen ist. Diesen Zusammenhang belegt Bild 28, aus dem das Verhältnis der eingestellten Stromstärke zu dem gemessenen Schweißstrom in seinem statistischen Verhalten abzulesen ist. Die Versuche ergaben eine typische glockenförmige Verteilung mit klar zu erkennenden Mittelwerten. Die durch die Standardabweichung begrenzten Bereiche liegen in einem vertretbaren Toleranzrahmen, der beispielsweise bei der Stromstärke I bei 223 Ampere liegt. Die eng beieinanderliegenden Werte können zu Überschneidungen der Standardabweichungen von benachbarten Stromstärkenstufen führen, wie beispielsweise bei σ_{12} bzw. σ_{31}. Verbesserungen lassen sich mit stufenloser Einstellung des Schweißstromes und einer geregelten Schweißstromquelle erzielen.

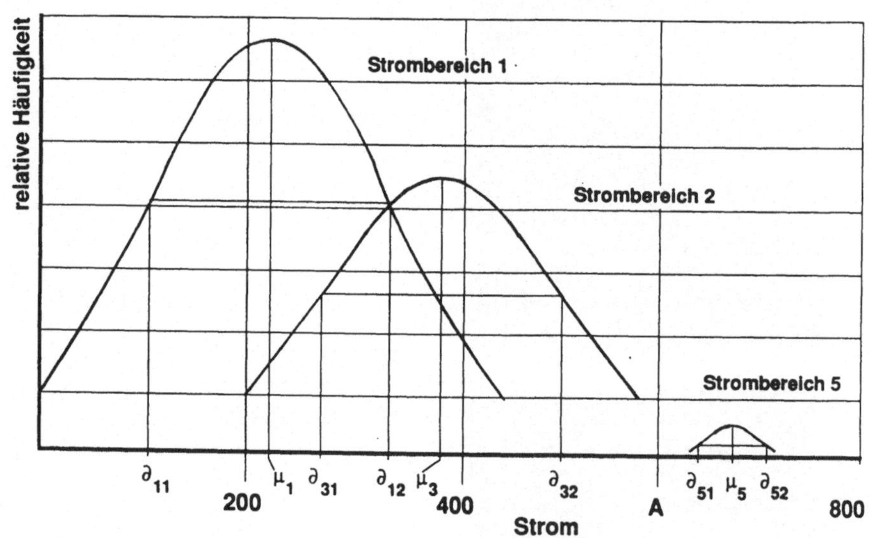

Bild 28: Gemessener Schweißstrom in Abhängigkeit der eingestellten Stromstärke

Setzt man den Schweißstrom in Bezug zu der erzielten Bruchkraft, ergibt sich das Diagramm aus Bild 29. Deutlich ist an der Regressionsgeraden zu erkennen, daß bei steigendem Schweißstrom die Bruchkraft ebenfalls steigt, was sich durch das größere Volumen des Schweißgutes und durch die breitere bzw. tiefere Heftstelle erklärt. Die Werte für den Schweißstrom, bei dem Heftschweißungen

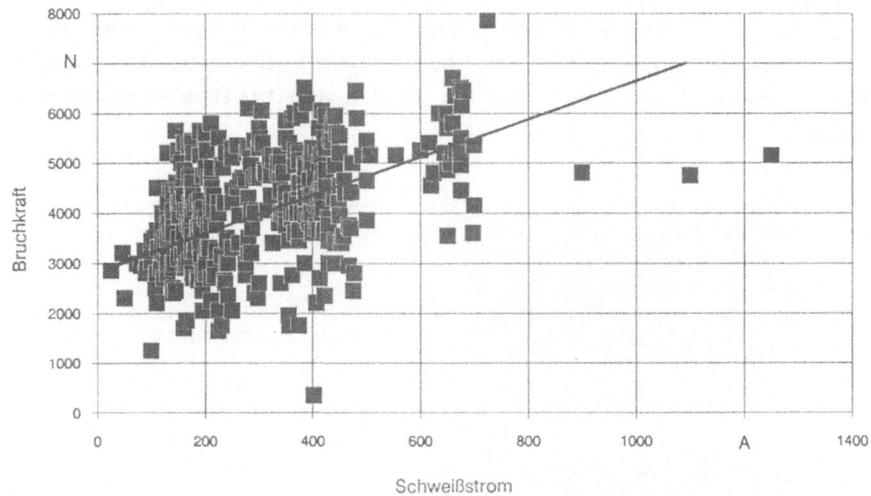

Bild 29: Erreichte Bruchkraft in Abhängigkeit des gemessenen Schweißstromes für das Versuchswerkstück

mit akzeptablen Ergebnissen ablaufen, decken fast die gesamte mögliche Bandbreite aus Bild 28 ab. Der Schweißstrom muß deshalb im Zusammenhang mit den anderen Parametern gesehen werden. Diese Erkenntnis wird dadurch unterstützt, daß Fehlschweißungen bei allen Stromstärken auftreten. Allerdings überwiegt die fehlende Verbindung trotz Zündung eines Lichtbogens im Bereich der hohen Stromstärken als Fehlerquelle, weil dort nicht nur die Zündspitze, sondern beträchtliche Anteile des Anschweißteiles weggeschmolzen werden (vgl. Bild 30). Bei Änderung lediglich der Stromstärke - bei gleicher Einstellung aller übrigen Parameter - sind deutliche Unterschiede im Heftschweißvorgang festzustellen. Wird die Stromstärke erhöht und ergibt sich wegen dieser Vorgabe ebenfalls ein höherer Schweißstrom, so wird wegen der größeren Intensität des Lichtbogens mehr Material erschmolzen. Bei Verringerung der Stromstärke ist bis zum Ausbleiben der Lichtbogenzündung das gegenteilige Verhalten festzustellen. Aus diesem Verhalten ist der Einfluß der Stromstärke erkennbar und in den ermittelten Grenzen vorhersagbar.

Lichtbogens mehr Material erschmolzen. Bei Verringerung der Stromstärke ist bis zum Ausbleiben der Lichtbogenzündung das gegenteilige Verhalten festzustellen. Aus diesem Verhalten ist der Einfluß der Stromstärke erkennbar und in den ermittelten Grenzen vorhersagbar.

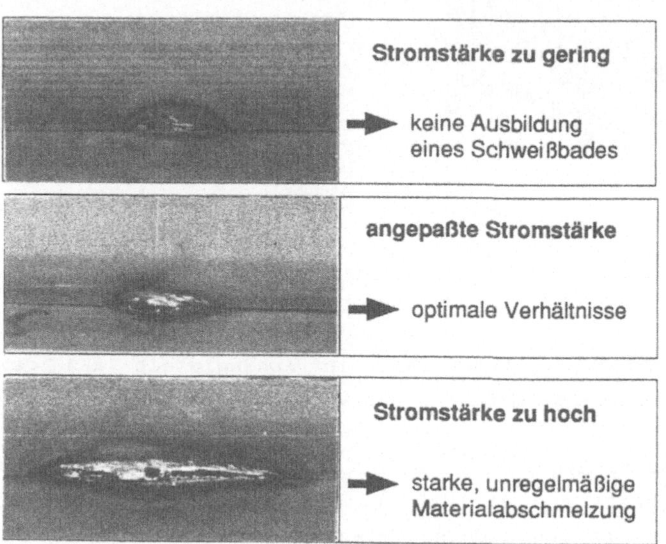

Bild 30: Ausbildung der Heftstellen bei unterschiedlichen Stromstärken

6.3.2 Versuchsergebnisse zur Lichtbogenbrennzeit

Die in das Bauteil eingebrachte Energie für die Heftschweißung ist abhängig von dem Schweißstrom, der Schweißspannung und der zugehörigen Schweißzeit. Aus diesem Grund ist als zu betrachtende Schweißzeit nur die Lichtbogenbrennzeit zu berücksichtigen, die gemäß Bild 27 als die Zeit definiert ist, in der der volle Schweißstrom eingebracht wird.

An der Schweißstromquelle ist die sogenannte Schweißzeit als Einstellgröße der Schale II anzuwählen. Bei dem Vergleich der eingestellten Schweißzeit an der Schweißstromquelle und der gemessenen

Lichtbogenbrennzeit während des Heftschweißvorganges ist eine Differenz zwischen Soll- und Istwerten festzustellen, die bei den vorgegebenen Parametern des Versuchsaufbaues durchschnittlich 25 Prozent des Sollwertes beträgt. Obwohl die absoluten Werte der Lichtbogenbrennzeit sehr gering sind (alle Werte liegen unterhalb von 150 Millisekunden), läßt sich diese Differenz nicht allein auf die Addition von Toleranzen der betroffenen Schaltelemente zurückführen. Vielmehr ist die Lichtbogenbrennzeit eindeutig abhängig von den Verhältnissen bei den Bewegungsvorgängen, weil der Lichtbogen bei vollem Schweißstrom so lange ansteht, bis das Anschweißteil eingetaucht ist, und der Lichtbogen aufgrund des Kurzschlusses erlischt. Die Lichtbogenbrennzeit ergibt sich demnach aus der Zeit, in der das Anschweißteil in der Hubstellung gehalten wird, und der Eintauchzeit bis zum Verlöschen des Lichtbogens, was direkt mit dem Auftreten des Kurzschlußstromes einhergeht.

Die Betrachtung der Werte für die Lichtbogenbrennzeit in Abhängigkeit der erreichten Bruchkraft zeigt in Bild 31 die Grenzen für ein funktionssicheres Heftschweißen, die bei den durchgeführten Versuchen zwischen 60 und 125 Millisekunden liegen. Die Häufung der hohen Bruchkräfte bei geringeren Zeiten ist lediglich als Tendenz zu werten, weil hohe und niedrige Bruchkräfte bei allen Werten innerhalb der Grenzen auftreten. Die Lichtbogenbrennzeit ist also nicht allein entscheidend für ein optimales Heftschweißergebnis, sondern muß als Bestandteil der gesamten Energiemenge und damit im Zusammenhang mit dem Schweißstrom gesehen werden. Die Spritzerbildung und die Wulst- und Anschmelzform lassen sich auf die Lichtbogenbrennzeit zurückführen. Bei kleinen Werten sind der Wulst und die Anschmelzung der Zündspitze unregelmäßig. Bei großen Werten steigt die Anzahl der Schweißspritzer, und der Lichtbogen schmilzt die Zündspitze und Teile des Anschweißteiles wegen der zu großen Energieeinbringung weg. Die Ergebnisse mit dem Versuchswerkstück legen es nahe, mit kleineren Lichtbogenbrennzeiten zu arbeiten. Die Schaltzeiten der eingesetzten Schweißstromquelle und das zeitliche Verhalten der Bewegungselemente lassen jedoch kaum eine Verringerung zu.

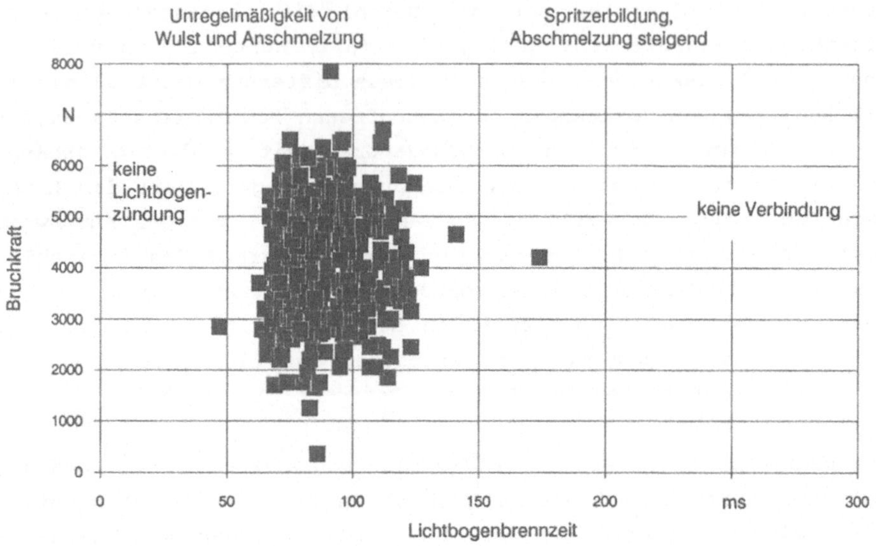

Bild 31: Erreichte Bruchkraft in Abhängigkeit der gemessenen Lichtbogenbrennzeit für das Versuchswerkstück

6.3.3 Versuchsergebnisse zu den Bewegungsvorgängen

Die Bewegungsvorgänge setzen sich im einzelnen aus einer Hubbewegung, einer Eintauchbewegung und der dazwischen liegenden, mit der Schweißzeit einstellbaren Verharrung in der Hubstellung zusammen. Die Zusammenhänge zwischen den Bewegungsvorgängen und dem Vor-, Schweiß- und Kurzschlußstrom ergeben sich aus dem Funktionsablauf für das Lichtbogenbolzenschweißen mit Hubzündung und sind in ihrer Abhängigkeit zwingend notwendig. Innerhalb der Bewegungs-vorgänge können Hubhöhe sowie Geschwindigkeit und Beschleunigung des Anschweißteiles variiert werden. Während die Hubbewegung Auswirkungen auf das Zündverhalten des Lichtbogens, aber nur geringen Einfluß auf das Heftschweißergebnis hat, ist die Eintauchbewegung entscheidend für die Ausbildung der Heftstelle und gleichfalls für die Lichtbogenbrennzeit.

Die relevanten Parameter des Bewegungsvorganges innerhalb der Schale III sind demnach die Hubhöhe, die Eintauchgeschwindigkeit und die Eintauchtiefe. Diese Prozeßgrößen sind abhängig von den Parametern der Schale I und II, weil die Eintauchbewegung eine Funktion der zu bewegenden Masse, der Vorspannung und des Eintauchweges ist. Einstellbar ist lediglich die Hubhöhe, die über angepaßte Kennlinien von Magnet und Druckfeder vorzugeben ist. Die Aufzeichnung der gemessenen Werte zeigt auch hier eine deutliche Streubreite zu den vorgegebenen Sollwerten. Diese Streubreite erklärt sich aus dem Versuchsaufbau, der in Bezug auf seine Bewegungs- und Steuerungselemente toleranzbehaftet ist.

Die Bedeutung der Hubhöhe wird durch Bild 32 hervorgehoben, aus dem ersichtlich ist, daß bei geringeren Hubhöhen größere Bruchkräfte zu erzielen sind. Dies ist durch den Lichtbogen erklärbar, der bei einer Hubhöhe von 0,3 Millimetern optimal ausgeformt ist. Bei größeren Hubhöhen schmilzt die Zündspitze bevorzugt in ihren Randbereichen, weil der Lichtbogen nach außen abgedrängt wird. Bei kleineren Hubhöhen konzentriert sich der Lichtbogen auf das Zentrum der Zündspitze und schmilzt das Anschweißteil bis tief in das Grundmaterial auf, ohne eine Ausbreitung auf die ganze Zündspitze zu erreichen. Aus diesen Beobachtungen ist als Ergebnis festzustellen, daß die Hubhöhe entscheidend für die Anschmelz- und Einbrandform ist.

Von der Eintauchtiefe und -geschwindigkeit hängt vor allem die Wulstform ab, wie die ersten Versuche und die Festlegung der Geometrie der Zündspitze bereits gezeigt haben. Die Untersuchung des Zusammenhanges mit der Bruchkraft ergibt keine eindeutigen Aussagen, so daß Rückschlüsse auf die Festigkeit der Verbindung von Anschweiß- und Basisteil über die optische Prüfung gezogen werden müssen.

Die Eintauchtiefe s_E ist im Zusammenhang mit den anderen Parametern zu sehen. Sie ergibt sich aus der Hubhöhe h und aus der Geometrie des Anschweißteiles mit der Zündspitzenlänge l_Z:

$$s_E = l_Z + h \tag{4}$$

Ist die Eintauchtiefe zu gering, findet keine Verbindung über der ganzen Fläche statt, im Gegensatz zu einer zu großen Eintauchtiefe, bei der eine Überhöhung des Wulstes auftritt. Eine Erhöhung des Wulstes stellt sich ein, weil die flüssige Schmelze aus dem Schmelzbad verdrängt wird und an der Außenkontur des Anschweißteiles emporwandert.

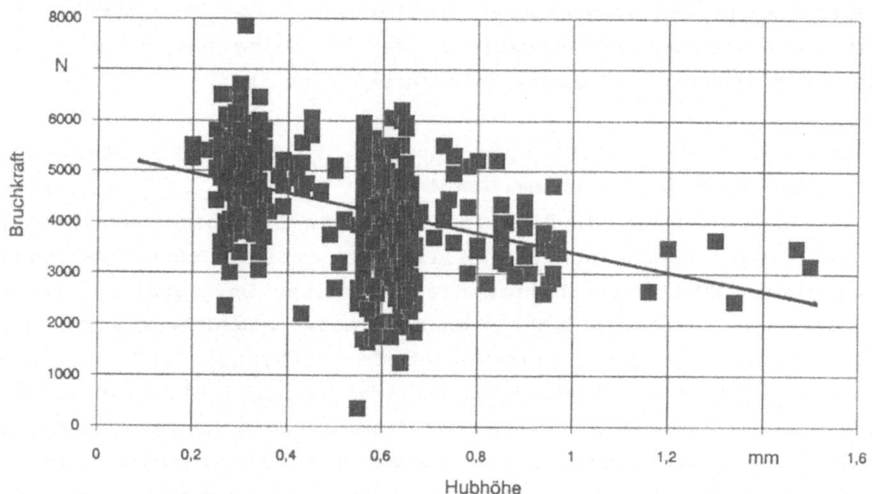

Bild 32: Erreichte Bruchkraft in Abhängigkeit der gemessenen Hubhöhe für das Versuchswerkstück

Die Eintauchgeschwindigkeit v_E läßt sich aus den Bewegungsverhältnissen ableiten:

$$v_E = \sqrt{\frac{2 * a}{m}} \tag{5}$$

Damit steht die Eintauchtiefe in einem direkten Bezug zur Eintauchgeschwindigkeit, wie die Auflösung von (3), (4) und (5) ergibt:

$$v_E = \sqrt{\left[\frac{F_C}{(m_G + m_A)} + g\right] * 2\,(l_Z + h)} \qquad (6)$$

Aus den Beziehungen für die Eintauchgeschwindigkeit v_E sind der Einfluß der Vorspannung F_C und der bewegten Massen m_G und m_A sowie die geometrischen Verhältnisse der Zündspitze zu erkennen. Grundsätzlich ist zu sagen, daß bei einer zu geringen Eintauchgeschwindigkeit Bindefehler auftreten oder es zu keiner Verbindung kommt. Das liegt daran, daß das Anschweißteil auf eine bereits erstarrte Oberfläche des Schmelzbades auftrifft. Erreicht die Eintauchgeschwindigkeit zu hohe Werte, ist das Schmelzbad zwar noch flüßig, aber wegen der zu hohen Auftreffgeschwindigkeit des Anschweißteiles wird die Schmelze verdrängt und unter Spritzerbildung aus dem Schmelzbad geschleudert. Das führt zu Werkstoffverlust bei unregelmäßigen Wulstformen und ungenügenden Verbindungen (vgl. Bild 33).

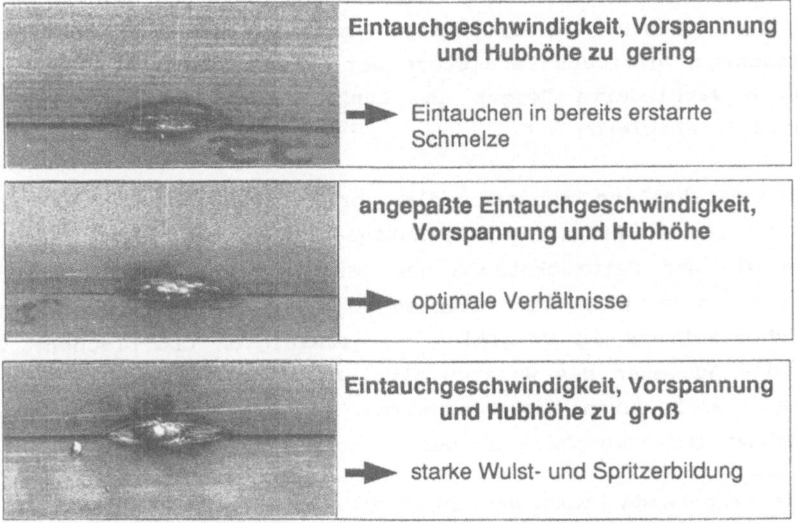

Bild 33: Ausbildung der Heftstelle bei unterschiedlichen Bewegungsvorgängen

Die Hubhöhe ist demnach der entscheidende Parameter innerhalb der Bewegungsvorgänge, weil sie sowohl Einfluß auf die Ausbildung des Lichtbogens als auch Einfluß auf die Eintauchgeschwindigkeit und die Lichtbogenbrennzeit hat.

6.3.4 Versuchsergebnisse zur Schweißatmosphäre

Die Versuche zur Erarbeitung einer Aussage über die Schutzgasatmosphäre belegen, daß mit Schutzgas verbesserte Schweißergebnisse zu erzielen sind. Die Strömungsgeschwindigkeit des Schutzgases muß dabei auf die Verhältnisse von Anschweißteil und Gaszuführung abgestimmt sein, um eine vollständige Verdrängung der Umgebungsatmosphäre an der Heftstelle sicherzustellen. Bei zu großen Strömungsgeschwindigkeiten besteht die Gefahr eines Ausblasens des Lichtbogens. Bei zu geringer Strömungsgeschwindigkeit nehmen die Werte der erreichbaren Bruchkraft ab, was durch die Zunahme der Poren und Einschlüsse belegt wird, und sich aus der durchlässigen Schutzgasatmosphäre erklärt. Mit einem Schutzgasgemisch (Argon, Sauerstoff und Kohlendioxid) wird das Aussehen des Wulstes verbessert, weil eine Porenbilung fast vollständig vermieden werden kann. Die Erhöhung der Bruchkraft, beim Einsatz von Schutzgas[4] und ansonsten gleichen Parametern der Schale I und II, läßt sich auf eine verminderte Poren- und Lunkerbildung zurückführen, wie aus Bild 34 abzulesen ist.

Eine Sonderstellung nehmen geölte bzw. verschmutzte Oberflächen ein. Die in der Praxis beim Schutzgasschweißen oftmals anzutreffenden Öl- und Fettrückstände auf den Versuchswerkstücken führen aufgrund des erhöhten Widerstandes zu einem Absinken des gemessenen Schweißstroms im Vergleich zu gereinigten Oberflächen. Zwar zeigt das Aussehen des Wulstes dabei eine geschlossenere Oberfläche, die sich durch das Verdampfen des Öles und die spezielle Ausbildung der Atmosphäre an der Heftstelle erklärt, aber die Po-

4) Weitergehende Aussagen zu den einzelnen Bestandteilen des Schutzgasgemisches, wie etwa eine verstärkte Aufschmelzung des Anschweißteiles, Tropfenbildung mit Kurzschluß und Spritzern sowie eine Verringerung der Oberflächenspannung der Schmelze sind mit den eingesetzten Meßmethoden nicht festzustellen. Auch eine dem Kohlendioxid nachgesagte schlechtere Einbrandform und Aufkohlung ist nicht nachweisbar.

renanzahl und Lunkerbildung innerhalb der Schweißverbindung ist erhöht. Dies liegt daran, daß Verbrennungsrückstände des Öles im Schweißbad verbleiben, dieses verschmutzen und weiterhin Auswirkungen auf das Verdrängen der Atmosphäre und der Verhältnisse beim Abkühlen der Schmelze haben. Trotz des guten optischen Eindruckes des Wulstes ist daher beim Heftschweißen Wert auf gereinigte Oberflächen zu legen, weil mit ihnen grundsätzlich höhere Festigkeitswerte erzielt werden können.

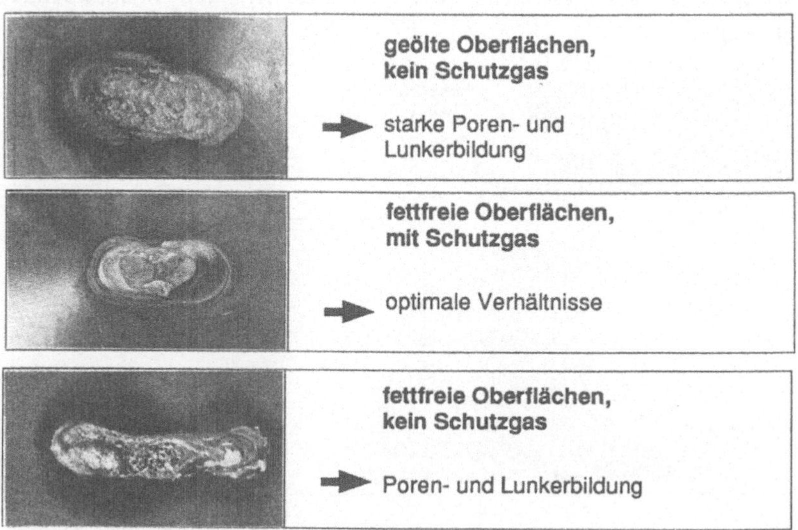

Bild 34: Ausbildung der Heftstelle bei unterschiedlicher Atmosphäre

6.3.5 Versuchsergebnisse zur Zündspitzengeometrie

Ein weiteres wichtiges Ergebnis dieser experimentellen Untersuchungen ist die Bestätigung der Tatsache, daß die Zündspitzengeometrie beim Heftschweißen nach dem Hubzündungsverfahren, im Gegensatz zum Spitzenzündungsverfahren, keinen entscheidenden Einfluß auf den Schweißprozeß und das Festigkeitsergebnis hat. Es muß lediglich sichergestellt sein, daß der Lichtbogen an einem definierten Ort gezündet werden kann, und daß ausreichend Material im Anschweißteil für die Ausbildung des Schweißbades vorhanden ist.

Eine flächige Berührung von Anschweiß- und Basisteil ist zu vermeiden, weil so keine eindeutige Heftstelle für das Zünden des Lichtbogens vorgegeben wird. Die Versuche mit anderen Anschweißteilen als dem Versuchswerkstück belegen dieses, weil jeweils die speziellen geometrischen Verhältnisse des Anschweißteiles ausgenutzt werden können (vgl. Bild 35). Im Falle des Versuchswerkstückes kann ebenfalls auf eine Zündspitze verzichtet werden, wenn eine über die ganze Fläche bündige Berührung vermieden wird, was durch ein leichtes einseitiges Verdrehen des Anschweißteiles möglich wird.

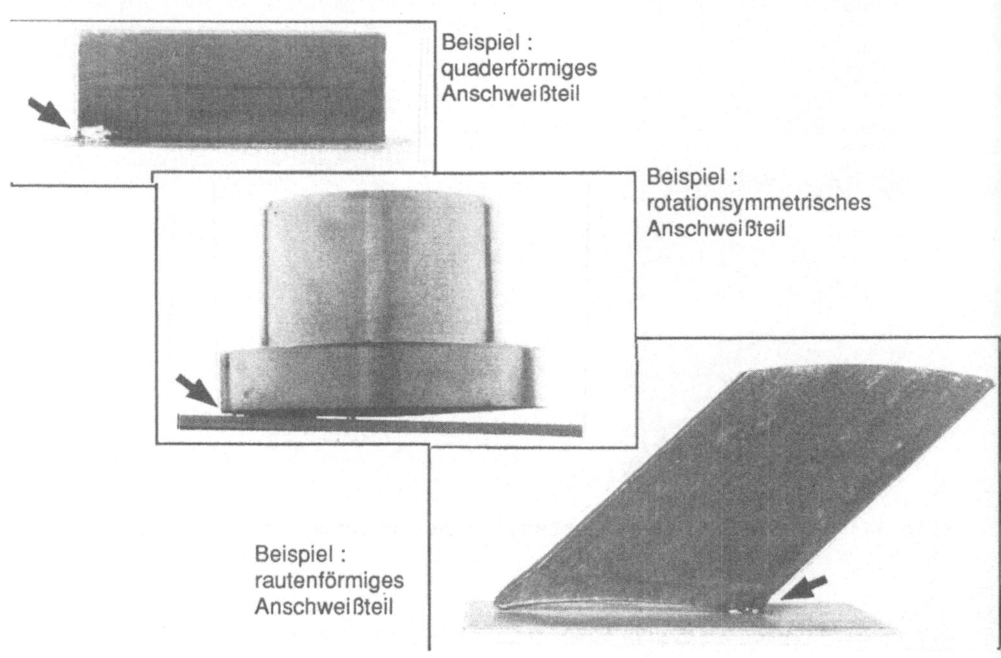

Bild 35: Ersatz der Zündspitze durch Ausnutzung von Geometrieelementen des Anschweißteiles

Für das Lagefixieren der Versuchswerkstücke sind die erzielten Festigkeitswerte ausreichend, obwohl die Verbindung von Anschweiß- und Basisteil über eine einzige Heftstelle vorgenommen wird. Will man die Verbindung auch auf Biege- und Torsionsbelastungen auslegen, so ist mehr als eine Heftstelle vorzusehen. Hierzu wurden

Versuchsreihen mit 2, 3 bzw. 4 Zündspitzen pro Anschweißteil durchgeführt. Trotz sorgfältiger Versuchsdurchführung konnten keine den Ansprüchen genügenden Heftschweißungen realisiert werden. Der Grund hierfür liegt darin, daß sich keine synchronen Lichtbögen an allen Zündspitzen ausbilden. Vielmehr wird nur an einer Zündspitze ein Lichtbogen gezündet, während an der anderen Zündspitze Nebenschluß auftritt.

6.4 Zusammenhänge zwischen den relevanten Parametern und deren Auswirkungen auf die Integration des Heftschweißens in Industrierobotersystemen zum Schutzgasschweißen

Die bisherigen Untersuchungen belegen, daß die betrachteten Parameter entscheidend für das Heftschweißen sind. Daher sollen sie somit im folgenden als relevante Parameter bezeichnet werden. Aus den Untersuchungen geht darüber hinaus die Abhängigkeit der Parameter untereinander und die Schwierigkeit der isolierten Betrachtung hervor. Entscheidend für eine erfolgversprechende Heftschweißung sind zwei Kriterien: zum einen die Energieeinbringung und zum anderen der zeitliche Ablauf, die daher in ihren Auswirkungen betrachtet werden müssen.

Die für den Heftschweißvorgang zur Verfügung gestellte Energie W ergibt sich aus dem Produkt von Lichtbogenspannung U, Schweißstrom I und Lichtbogenbrennzeit t_L:

$$W = U * I * t_L \qquad (7)$$

Löst man (7) unter Berücksichtigung von (6) auf, so sind die Einflüsse der relevanten Parameter auf die Energie beim Heftschweißvorganges ersichtlich, wobei t_H der Anteil der Lichtbogenbrennzeit ist, bei der sich das Anschweißteil in der Hubstellung befindet:

$$W = U * I \left[t_H + \sqrt{\frac{\dfrac{2\,(h + l_Z)}{F_C} + g}{(m_G + m_A)}} \right] \qquad (8)$$

In diese Aufstellung für die Energie beim Heftschweißen gehen also auch die Parameter der Bewegungsvorgänge ein, so daß sich aus den erarbeiteten Aussagen die in Bild 36 dargestellten Zusammenhänge ableiten lassen. Es verdeutlicht entsprechend der Einordnung in die Schalen des schweißtechnischen Modelles die Abhängigkeiten der Parameter und ihre Auswirkungen auf das Heftschweißergebnis.

Bei den bisherigen Betrachtungen wurde der Lichtbogen nur am Rande berücksichtigt, obwohl die Energieeinbringung direkt von der Ausbildung des Lichtbogens abhängt. Der Lichtbogen selbst und seine Ausbildung kann nur mit großem Aufwand, etwa durch Hochgeschwindigkeitsaufnahmen, ermittelt und nicht direkt eingestellt werden. Der Lichtbogen und die auf ihn wirkenden Kräfte sind jedoch insoweit zu berücksichtigen, daß die Zusammenhänge zwischen den relevanten Parametern, dem Lichtbogen und dem Heftschweißergebnis deutlich werden. Dies ist an der Wirkung großer Lichtbogenkräfte abzulesen, die eine typische Anschmelzform verursachen, wie sie in vergleichbarer Ausprägung bei großer Energie mit hohem Schweißstrom oder geringer Hubhöhe auftritt. Die charakteristischen Verhältnisse für minimale Lichtbogenkräfte sind ebenso abhängig von den betroffenen relevanten Parametern. Der Lichtbogen wird daher nicht als relevanter Parameter des Heftschweißens definiert, sondern es werden die auf ihn bestimmenden Parameter betrachtet.

Das Lichtbogenverhalten, also seine Zündeigenschaften, seine Ausbreitung und Wanderung während des Heftschweißvorganges, zeigt sich in der Einbrand- und Anschmelzform. Für das Wandern des Lichtbogens ist die Blaswirkung verantwortlich. Die Blaswirkung ist während des Heftschweißvorganges noch schwieriger aufzunehmen als der Lichtbogen. Sehr einfach kann jedoch wiederum das Ergebnis mit einer optischen Prüfung ermittelt werden. Versuche mit unsymmetrischen oder einseitigen Masseanschlüssen zeigen deutlich die Auswirkungen der Blaswirkung dadurch, daß der Ort der Heftstelle einseitig, und zwar zu der dem Anschluß abgewandten Seite, auswandert. Daher muß auch beim Heftschweißen dem Problemfeld der Blaswirkung durch eine symmetrische Stromführung entgegengewirkt werden.

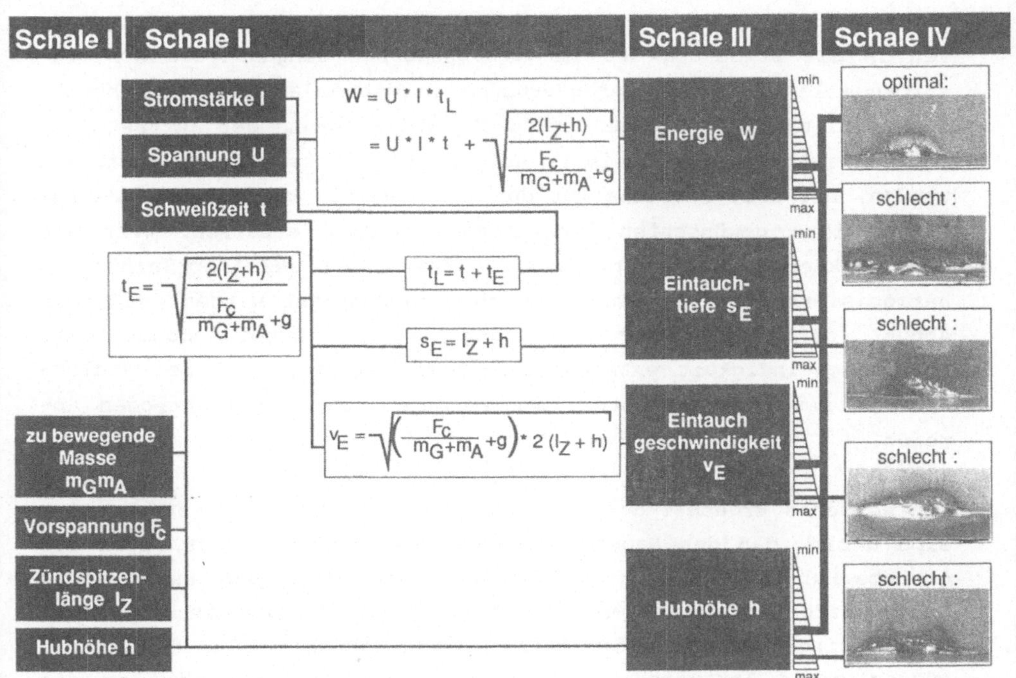

Bild 36: Zusammenhänge zwischen den relevanten Parametern

Zwischen den ermittelten Zusammenhängen der relevanten Parameter, ihrem Einfluß auf das Heftschweißergebnis und den vorliegenden Untersuchungen des Lichtbogenbolzenschweißens ist eine eindeutige Übereinstimmung festzustellen. Die Übertragung der Charakteristik des Lichtbogenbolzenschweißens mit Hubzündung auf das Heftschweissen ist damit unter den aufgezeigten Rahmenbedingungen möglich. Dies bedeutet für den Aufbau eines Heftschweißarbeitsplatzes, daß die bewährten Komponenten, wie etwa die herkömmlichen Schweißstromquellen, unbedenklich zum Einsatz gebracht werden können. Verbesserung bei den Schweißstromquellen werden sich entsprechend positiv auf das Ergebnis von Heftschweißungen auswirken.

Neben der Energieeinbringung muß der zeitliche Ablauf des Hefschweißvorganges betrachtet werden (vgl. Bild 37). Dabei müssen die Bewegungsvorgänge mit dem Schaltverhalten der Schweißstromquelle und der Steuerung in Einklang gebracht werden. Mit Eingriffen in die Steuerung der im Versuchsaufbau eingesetzten Schweißstromquelle und durch Veränderungen in der Ablaufsteuerung konnte die zeitliche Reihenfolge verändert, und aufgrund der auftretenden Fehlschweißungen der optimale Ablauf beim Heftschweißen ermittelt werden. Die drei Bereiche für den Vor-, Haupt- und Kurzschlußstrom können ihre gewünschten Funktionen nur dann erfüllen, wenn die Schaltzyklen für den Strom mit den Bewegungen des Anschweißteiles harmonisieren. Der Vorstrom muß so eingeschaltet werden, daß beim Abhub der Lichtbogen gezündet wird. Dabei kommt der Abhubgeschwindigkeit entscheidende Bedeutung zu, weil bei fehlender Abstimmung von Vorstrom und Abhubbewegung der Lichtbogen abreißt.

Ein weiteres Ergebnis der Versuche mit dem Versuchswerkstück zeigt sich darin, daß der Hauptstrom erst dann anstehen darf, wenn die oberste Hubstellung erreicht ist. Ansonsten entstehen undefinierte Anschmelzformen und es wird eine zu große Energie in die Heftstelle eingebracht. Um die Zeit für den Hauptstrom zu verringern, müssen große Anstrengungen unternommen werden, die aber an die physikalischen Grenzen der elektrischen Bauteile und der Bewegungselemente der im Versuchsaufbau eingesetzten Geräte stoßen. Zu geringe Zeiten bergen die Gefahr, daß die eingeschlossenen Gase keine Möglichkeit des Austritts aus dem Schmelzbad haben, was durch die Zunahme der Poren belegt wird. Ein vorzeitiges Ausschalten des Hauptstromes vor dem endgültigen Eintauchen führt zu Bindefehlern. Eine fehlerarme Erstarrung der Schmelze muß dadurch sichergestellt werden, daß der volle Hauptstrom über das Eintauchen hinweg ansteht.

Trotz der kurzen Zeiten (in der Regel liegt der Zeitbedarf für den gesamten Ablauf unter 200 Millisekunden) darf die Bedeutung einer Abstimmung nicht unterschätzt werden, und sie muß durch entsprechende Steuerungskonzepte für das Heftschweißen gelöst werden. Es müssen einfache Einstellmöglichkeiten der entscheidenden relevanten Parameter Stromstärke, Hubhöhe, Lichtbogenbrennzeit über die ganze in Bild 37 dargestellte Bandbreite möglich sein, um so ein funktionssicheres Heftschweißverfahren - auch für andere Bauteile als das Versuchswerkstück - zu garantieren.

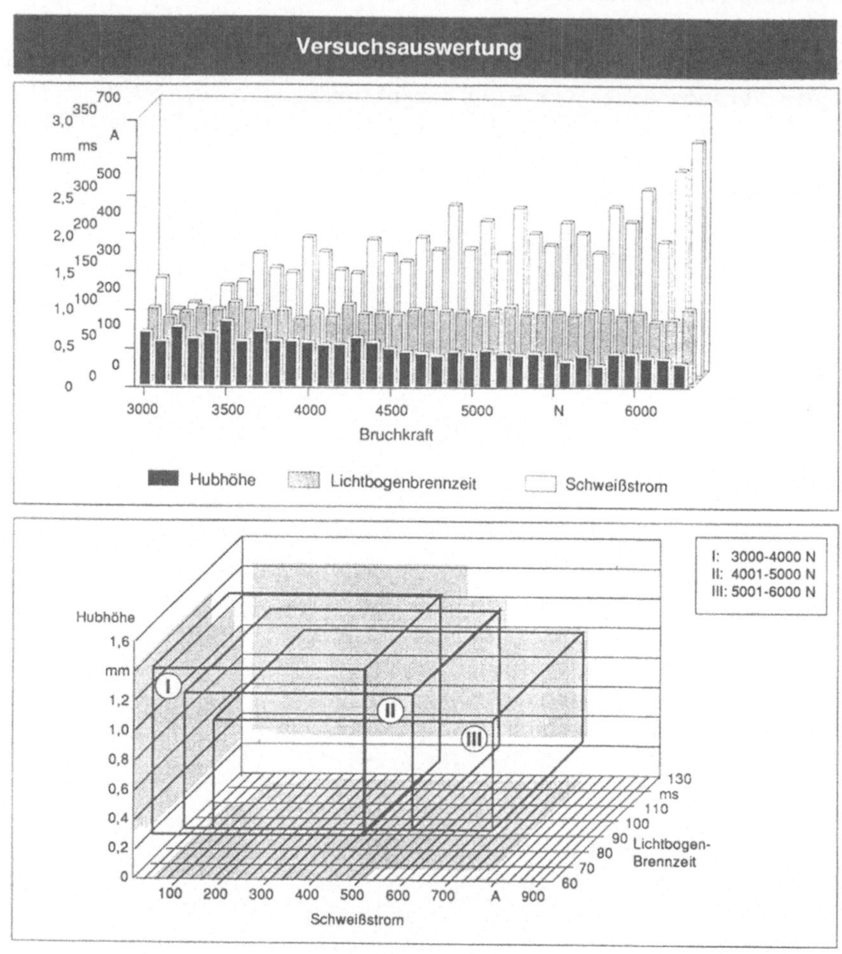

Bild 37: Zusammenhänge von Lichtbogenbrennzeit, Schweißstrom und Hubhöhe in Abhängigkeit der erreichten Bruchkraft (409 Proben)

7 Aufbau eines Industrierobotersystemes zum Schutzgasschweißen mit integriertem Arbeitsplatz für das Lagefixieren und Ausschweißen

Die Umsetzung der Erkenntnisse aus den theoretischen und experimentellen Untersuchungen des Heftschweißens erfordert den Aufbau eines Industrierobotersystemes zum automatisierten Lagefixieren und Ausschweißen. Somit können einerseits das Heftschweißen und die dazu erforderlichen Komponenten in realen Anwendungen und andererseits die Auswirkungen einer derartigen Lösung für das Lagefixieren auf das Ausschweißen beurteilt werden.

7.1 Aufbau eines Arbeitsplatzes zum Heftschweißen

Da ein Vorteil des Heftschweißens in der automatisierten Ausführung des Lagefixierens besteht, kann das Bauteil nach dem Heftschweißen der Anschweißteile ohne weitere Arbeits- oder Materialflußvorgänge mit dem Schweißroboter ausgeschweißt werden. Dieser Vorteil ist nur durch eine räumliche Integration der Heftschweißkomponenten in den Arbeitsplatz für das Ausschweißen nutzbar. Zentrale Forderung beim Aufbau eines Arbeitsplatzes zum Heftschweißen innerhalb eines Industrierobotersystemes zum Schutzgasschweißen muß daher die Sicherstellung der Kompatibilität mit dem Ausschweißen sein, ohne Änderungsaufwand und ohne Beeinträchtigungen oder Störungen.

Die mechanische Ankopplung des Greif-/Heftschweiß-Werkzeuges an den Schweißroboter erfolgt im Wechsel mit dem Schweißbrenner, was mit Hilfe von Werkzeugwechselsystemen lösbar ist. Die Konzeption der Greif-/Heftschweiß-Werkzeuge muß daher bei den mechanischen Schnittstellen immer von dem Normflansch des Schweißroboters oder vorgegebener Werkzeugwechselsysteme ausgehen. Weitere mechanische Anpassungen fallen in Form der Ablageelemente für das Greif-/Heftschweiß-Werkzeug während des Ausschweißens und der Bereitstellungseinrichtungen für die Anschweißteile an. Diese Komponenten sind jeweils so aufzustellen, daß sie innerhalb des Arbeitsbereiches des Schweißroboters angebracht sind. Die Anordnung von Steuerung und Schweißstromquelle für das Heftschweißen unterliegt nicht dieser Bedingung.

Um einen gesamtheitlichen automatisierten Ablauf zu garantieren, ist das Heftschweißverfahren auch informationstechnisch in das Industrierobotersystem zu integrieren. Da die betreffenden informationstechnischen Heftschweißkomponenten ebenfalls kompatibel zu allen Industrierobotertypen sein müssen, muß eine standardisierte Kommunikationsschnittstelle gefunden werden. Hierfür bietet sich die Ein-/Ausgangsleiste der Industrierobotersteuerung oder der Systemsteuerung an, die üblicherweise alle Peripheriegeräte steuert und überwacht. Das führt dazu, daß die Ablaufsteuerung des Heftschweißens nicht von der Steuerung des Industrieroboters oder der Stromquelle für das Ausschweißen ausgeführt werden kann. Dies verbietet sich auch, weil bei jeder Installation ein sehr großer Integrationsaufwand anfallen würde, und darüber hinaus die Nachrüstung bestehender Industrierobotersysteme erschwert würde.

Die Komponenten des Heftschweißens (Greif-/Heftschweiß-Werkzeug, Heftschweißsteuerung und schweißtechnische Ausrüstung) müssen also eigenständig funktionsfähig und so aufgebaut sein, daß sie über diese einfachen mechanischen und informationstechnischen Schnittstellen in ein Industrierobotersystem zum Schutzgasschweißen eingebaut werden können.

7.2 Entwicklung eines industrierobotertauglichen Greif-/Heftschweiß-Werkzeuges

Die bisherigen Untersuchungen bestätigen die Erfüllung der gestellten Anforderungen durch das prototypische Greif-/Heftschweiß-Werkzeug (vgl. Bild 38), vor allem in Hinsicht auf die folgenden drei Schwerpunkte:

- sichere Handhabung der Anschweißteile,
- Realisierung der Hub- und Eintauchbewegungen ohne zum Nebenschluß führenden Positionsabweichungen,
- funktionsgerechte Strom- und Schutzgasführung.

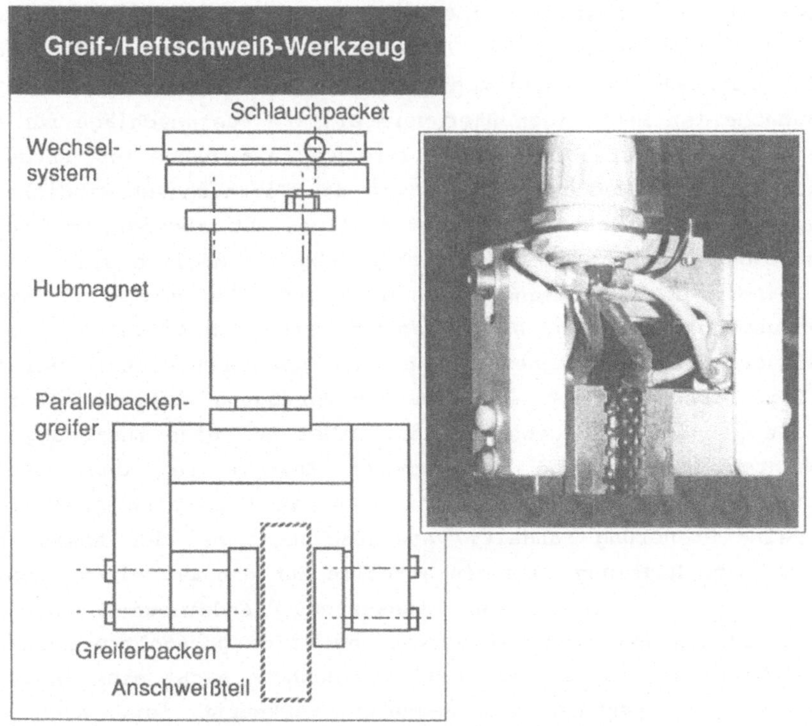

Bild 38: Prototyp des Greif-/Heftschweiß-Werkzeuges mit zentralem Bewegungselement

Die <u>Bewegungselemente</u> haben, wie mehrfach gezeigt, entscheidenden Einfluß auf das Heftschweißergebnis. Die Werte für die Eintauchgeschwindigkeit und die Hubhöhe müssen einerseits in angemessen Toleranzen und reproduzierbar erreicht werden und andererseits einfach veränderbar sein, um auch für wechselnde Bauteile optimale Bewegungsverhältnisse sicherzustellen. Da sich die Konstruktion mit Magnet und Druckfeder bewährt hat, besteht keine Notwendigkeit, sich mit elektrischen oder pneumatischen Antriebseinheiten zu befassen, deren Eignung nicht grundsätzlich ausgeschlossen werden soll.

Die Eintauchgeschwindigkeit ergibt sich bei dieser Konstruktion aus der Vorspannung, der Bewegungsrichtung und dem Anschweißteilgewicht. Ein Austausch oder die mechanische Vorspannung der Druckfedern läßt ausreichende Variationen und die Anpassung an das jeweils vorliegende Bauteilspektrum zu. Die variable Einstellung der Hubhöhe ist mechanisch über verstellbare Festanschläge für den Magnetanker realisierbar, was allerdings ein manuelles Umrüsten bedeutet. Da die Hubhöhe, ebenso wie die Eintauchgeschwindigkeit, von Bewegungsrichtung und Anschweißteilgewicht abhängt, muß eine automatische Anwahl unterschiedlicher Hubhöhen möglich sein. Hierfür sind im Zusammenspiel mit der Heftschweißsteuerung Vorkehrungen zu treffen, so daß entsprechend dem Ablauf des Heftschweißvorganges der Magnet anzieht und das Anschweißteil auf die jeweilige Hubhöhe abhebt. Über die zur Verfügung stehenden Energie kann die Hubhöhe vorgegeben werden. Dabei muß eine Zuordnung von gewünschter Hubhöhe und vorgegebener Energie bei den jeweils herrschenden Verhältnissen bekannt sein, weil es sich hierbei um eine reine Steuerung handelt. Vereinfachungen bei der Anwahl ermöglicht eine Regelung, die die aktuelle Hubhöhe mit einem Wegmeßsystem aufnimmt und dann auswertet. Änderungen in der Heftschweißrichtung sind bei Verwendung eines geregelten Magneten ohne Probleme zu realisieren, weil die Hubhöhe nicht mehr fest mit der Versorgungsspannung des Magneten verknüpft ist. Auch die Genauigkeit der Hubhöhe wird sich verbessern, jedoch ist der mechanische und regelungstechnische Aufwand in Abhängigkeit vom Anwendungsfall zu überprüfen.

Als ein weiteres Ergebnis der experimentellen Untersuchungen ist die Tatsache festzuhalten, daß die zentrale Anordnung des Bewegungselementes mit Magnet und Federpaket deutliche Vorteile gegenüber der dezentralen Lösung mit Fingermagneten hat. Die Versuchspraxis spricht aufgrund der Bewegungssynchronisation, der Stabilität und des fertigungstechnischen Aufwandes eindeutig für die zentrale Lösung mit nur einem Magnet. Die bei einer solchen zentralen Anbringung der Bewegungselemente unvermeidliche Erhöhung der bewegten Masse ist durch die Leistungsdaten von Magnet und Federelement oder einen gewichtsreduzierten Aufbau des Greifelementes auszugleichen.

Der Aufbau des Greifelementes muß geringe zu bewegenden Massen und darf keine kollisionsgefährdende Abmessungen aufweisen. Damit wird die Gefahr von Kollisionen vermindert, und eine Überlastung der Bewegungselemente verhindert. Welches Greifprinzip und welche kinematischen Greifbewegungen zum Einsatz kommen, ist dabei für die Funktionserfüllung unerheblich, so daß eine optimale Anpassung[1)] an das jeweilige Bauteilspektrum gewährleistet ist.

Die Stromführung hat entscheidenden Einfluß auf die Blaswirkung, die wiederum das Heftschweißergebnis mitbestimmt. Die Stromführung im Greif-/Heftschweiß-Werkzeug ist daher symmetrisch aufzubauen, und möglichst direkt in das Anschweißteil einzuleiten. Dies ermöglichen Greiferbacken, die einen guten Stromübergang gewährleisten, wie es etwa mit einem Backenwerkstoff aus einer Kupferlegierung möglich ist.

Die Schutzgasführung muß so im Greif-/Heftschweiß-Werkzeug integriert werden, daß eine gleichmäßige und ausreichende Flutung der Heftstelle mit dem Schutzgas gewährleistet ist. Durch die Greiferbacke und entsprechende Austrittsöffnungen kann das Schutzgas beidseitig am Anschweißteil entlang zur Heftstelle strömen. Die Anschweißteile müssen demnach entsprechend den Strömungsgegebenheiten gegriffen werden. Sofern eine mittige Heftstelle nicht realisierbar ist, muß unter Berücksichtigung eines erhöhten Schutzgasverbrauches ein größeres Volumen mit Schutzgas geflutet werden, oder es sind andere Backen mit einer veränderten Schutzgasführung einzuwechseln.

Die vielfältigen Ungenauigkeiten, die sich neben der Teilevorbereitung vor allem aus dem Schweißroboter selbst und seinem Positioniervorgang, der Bereitstellung und den Toleranzen der Anschweißteile zusammensetzen, muß durch die Bewegungselemente des Greif-/Heftschweiß-Werkzeuges ausgeglichen werden. Die Auftrennung dieser Toleranzkette und die Einstellung der Vorspannung ermöglicht ein Zusammenspiel der Mechanik und der Steuerungstechnik.

---

1) Zusätzlich zu dem Versuchswerkstück ist der Prototyp des Greif-/Heftschweiß-Werkzeuges auch für andere Bauteile geeignet (vgl. Bild 42), wie weitergehende Anwendungen zeigen /70/.

Das Anschweißteil muß daher von dem Greif-/Heftschweiß-Werkzeug in negativer Anpreßrichtung elastisch aufgenommen werden, wie es das Federelement mit dem Ausweichen in dieser Richtung erlaubt. Das Aufsetzen des Anschweißteiles auf dem Basisteil ist sensorisch zu erfassen, und in ein Signal für die Industrierobotersteuerung umzuwandeln. Sobald dieses Signal ansteht, kann der Anpreßvorgang des Industrieroboters nach einer definierten, programmierten Zeit beendet werden. Das Aufsetzen des Anschweißteiles ist im Versuchsaufbau sehr einfach über den Masseschluß festzustellen, so daß sich auf diese Art die Vorspannung entsprechend der Federkennlinie und dem Weg im Bereich von 0 bis 3 mm sehr genau und reproduzierbar einstellen läßt.

7.3 Entwicklung einer industrierobotertauglichen Steuerung für das Heftschweißen

Die Anforderungen an eine geeignete Ablaufsteuerung für das Heftschweißverfahren ergeben sich aus der Notwendigkeit eines automatisierten Ablaufes für das Heftschweißen und eines flexiblen Aufrufes der drei entscheidenden Parameter Schweißstrom, Schweißzeit und Hubhöhe, wie die experimentelle Ermittlung der relevanten Parameter in Abschnitt 6 ergab. Mit den bekannten Schweißstromquellen für das Lichtbogenbolzenschweißen ist zwar ein automatisierter Ablauf bei bereits eingestellten Parametern gewährleistet, aber der flexible Aufruf aller Parameter ist nicht realisiert /71/.

Das Ziel kann also nur eine autarke Steuerung für das Heftschweißverfahren sein, die mit sämtlichen Industrierobotertypen über deren Ein-/Ausgangsleisten verknüpfbar ist, und die auf unterschiedliche Schweißstromquellen auszulegen ist. Die Entwicklung einer grundlegenden Steuerungsstruktur erlaubt die anwendungsspezifische Übertragbarkeit auf einen Industriestandard nach dem Versuchsstadium.

Die Hardware der Heftschweißsteuerung muß die für die Schnelligkeit des Heftschweißvorganges notwendigen Leistungsmerkmale zur sicheren Bewältigung der anfallenden Daten aufweisen. Ebenso muß die Kommunikationsfähigkeit zu Steuerungen verschiedenster Industrieroboter und Schweißstromquellen gewährleistet oder zumindest die problemlose Anpassung an solche möglich sein. Die Funktionssicherheit ist durch die schon beim Prototyp geforderte Verwendung eines hohen Anteiles von Standardkomponenten und -bauteilen zu unterstützen. Die innere Steuerungsstruktur bzw. die Software muß in der Lage sein, den Heftschweißvorgang ohne weitere Eingriffe durchzuführen - angestoßen durch die Industrierobotersteuerung. Dabei ist einerseits die eigenständige Kontrolle und Steuerung des Heftschweißvorganges im Zusammenspiel mit der Ablaufsteuerung der Schweißstromquelle zu bewältigen. Andererseits muß auch die wichtige Funktion einer Eingriffsmöglichkeit zur Veränderung der Parameter geboten werden. Im Hinblick auf diese gewünschte flexible Bandbreite erscheint die Verwaltung der Parameter des Heftschweißvorganges durch eine, auch vom Industrieroboter ansprechbare Datenbank oder -tabelle notwendig. Damit wird die Anpassung an unterschiedlichste Bauteilspektren bestmöglich berücksichtigt, und die Integration auch des Heftschweißens in bestehende oder geplante Leitrechnerstrukturen und Offline-Programmiersysteme unterstützt.

7.3.1 Ablaufstruktur des Heftschweißvorganges

Der im Bild 21 erläuterte Ablauf des Heftschweißvorganges bildet die Grundlage für die Ablaufstruktur. In Schweißstromquellen für das Lichtbogenbolzenschweißen wird zumeist mit konventionellen festverdrahteten Ablaufsteuerungen[2] genau dieser Ablauf realisiert. Die Ablaufstruktur für das Heftschweißen entspricht also der Ablaufstruktur beim Lichtbogenbolzenschweißen, so daß auf ihnen aufgebaut werden kann:

---

2) Neue Entwicklungen bei den Schweißstromquellen für das Lichtbogenbolzenschweißen gehen in Richtung softwaremäßiger Ablaufsteuerungen. Trotz unterschiedlicher Konzepte - auch bei der Auswahl der Bauteile - und den sich daraus ergebenden Leistungsdaten und der Prozezeßsicherheit, sind alle Arten von üblichen Schweißstromquellen für den Einsatz beim Heftschweissen grundsätzlich geeignet /71/.

Mit dem Aufsetzen des Anschweißteiles und der sich daraus ergebenden Kontaktmeldung zur Beendigung der Bewegung des Industrieroboters kann der Heftschweißvorgang gestartet werden. Mit dem Startsignal wird der Vorstrom eingeschaltet und die Spule des Hubmagnetes erregt, so daß mit seinem Abheben der Lichtbogen gezündet wird. An dieser Stelle wird ein Eingriff in die Ablaufsteuerung der Schweißstromquelle notwendig, um die Hubhöhe des Magneten als relevanten Parameter für den Heftschweißprozeß variieren zu können. Die Versorgungsspannung des Magneten wird deshalb extern vorgegeben. Die geforderte Flexibilität und Automatisierung macht es notwendig, auch die entscheidenden Parameter Schweißstrom und Schweißzeit entsprechend der Heftschweißaufgabe einzustellen und unabhängig voneinander variieren zu können. Nach Ablauf der eingestellten Schweißzeit wird durch das Abfallen des Hubmagneten das Anschweißteil in das Schmelzbad getaucht, Zünd- und Schweißstrom werden abgeschaltet und die Heftschweißung ist damit vollzogen.

7.3.2 Steuerungskonzept für das Heftschweißen

Um die optimalen Parameterwerte für jeden Heftschweißvorgang bereitstellen zu können, muß in der Steuerung für das Heftschweißen die Möglichkeit bestehen, diese Werte einzeln vorzugeben, zu verändern und gemeinsam als Parametersatz für das jeweilige Anschweißteil abzuspeichern. Dieser Datensatz muß dann entsprechend dem Programmablauf des Schweißroboters aufgerufen werden.

Die komplexen Anforderungen an das Lösungskonzept für die Steuerung des Heftschweißens beziehen sich daher auf die Integration der einzelnen Steuerungskomponenten und die benötigte hohe Geschwindigkeit für die Kommunikation untereinander. Bei den in der Steuerung für das Heftschweißverfahren zu integrierenden Komponenten handelt es sich im einzelnen um die Industrierobotersteuerung, die Ablaufsteuerung der Schweißstromquelle, die Heftschweißsteuerungseinheit mit den abgespeicherten Parametersätzen und die Schalteinheiten für Stromstärke, Hubhöhe und Schweißzeit.

Die einzelnen Abläufe in den Steuerungskomponenten müssen über deren Schnittstellen verknüpft werden. Die beispielhafte Konfiguration dieses Konzeptes für die Steuerung des Heftschweißens in Industrierobotersystemen zum Schutzgasschweißen ist in Bild 39 beschrieben. Aus diesem Bild geht hervor, daß die Industrierobotersteuerung den anderen Steuerungskomponenten übergeordnet ist, da von ihr der Funktionsablauf für den Heftschweißvorgang abgerufen wird. Der eigentliche Ablauf, also die prozeßnahe Steuerung des Heftschweißens im Echtzeitbetrieb, übernimmt ein Rechner (PC) im Zusammenspiel mit der Ablaufsteuerung in der Schweißstromquelle.

Wegen der geforderten Integrationsmöglichkeit des ganzen Steuerungskonzeptes in rechnergestützten Fertigungsanlagen ist als Heftschweißsteuerungseinheit ein industriekompatibler PC-Rechner vorgesehen. Er eignet sich vor allem wegen seiner vielfältigen Kommunikationsmöglichkeiten, der vergleichsweise einfachen Bedienung und aus Kostengründen. Durch den Einsatz eines Rechners ist gewährleistet, daß über eine der gängigen Programmiersprachen eine Software erstellt werden kann, die auf jedem kompatiblen Rechner lauffähig ist und die die Kommunikation der Komponenten untereinander ermöglicht.

Die Schalteinheiten für die Stromstärke, die Hubhöhe und die Schweißzeit sind in einem gemeinsamen Schaltschrank mit dem Kommunikationsnetzwerk untergebracht und werden von diesem auch direkt angesprochen. Das Kommunikationsnetzwerk ermöglicht die geforderte schnelle Datenverarbeitung und Datenkommunikation.

Mit diesem Konzept kann eine eigene flexible Steuerung für das Heftschweißen aufgebaut werden, die den gestellten Anforderungen genügt. Die Integration aller Funktionen in eine andere Hardware, z.B. in eine Mikroprozessorsteuerung der Schweißstromquelle, ist möglich, und entspricht der Weiterentwicklung in Richtung auf eine optimal an die Verhältnisse des Heftschweißens angepaßte Lösung.

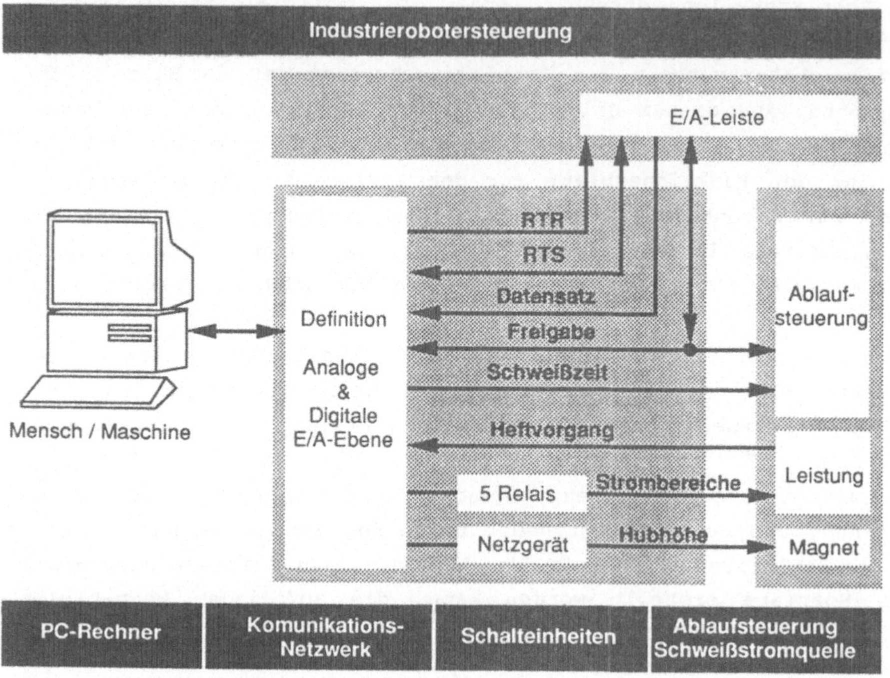

Bild 39: Aufbau des realisierten Steuerungskonzeptes für das Heftschweißen

7.3.3 Programmaufbau und Mensch/Maschine-Schnittstelle

Bedienungsfreundlichkeit und Anpassungsfähigkeit der Steuerung haben eine entscheidende Bedeutung für das Heftschweißverfahren. Somit kommt ihr als interaktive Mensch/Maschine-Schnittstelle zur Eingabe, Veränderung und Anzeige der Heftschweißparameter eine zentrale Bedeutung zu. Dies gilt besonders im Hinblick auf ihre problemlose Implementierung in neue oder bestehende Schweißarbeitsplätze. Graphische Bedienoberflächen mit Maskentechnik an der Heftschweißsteuerung (Bild 40) zeigen die jeweilige Betriebsart, den Betriebszustand, den gewählten Parametersatz und über eine Dialogzeile den Betriebszustand an. Die integrierte Datenbank kann die theoretisch und empirisch ermittelten Parametersätze für die Stromstärke, die Schweißzeit und die Hubhöhe speichern und wieder ausgeben und ermöglicht somit eine einfache Optimierung der Parametereinstellung.

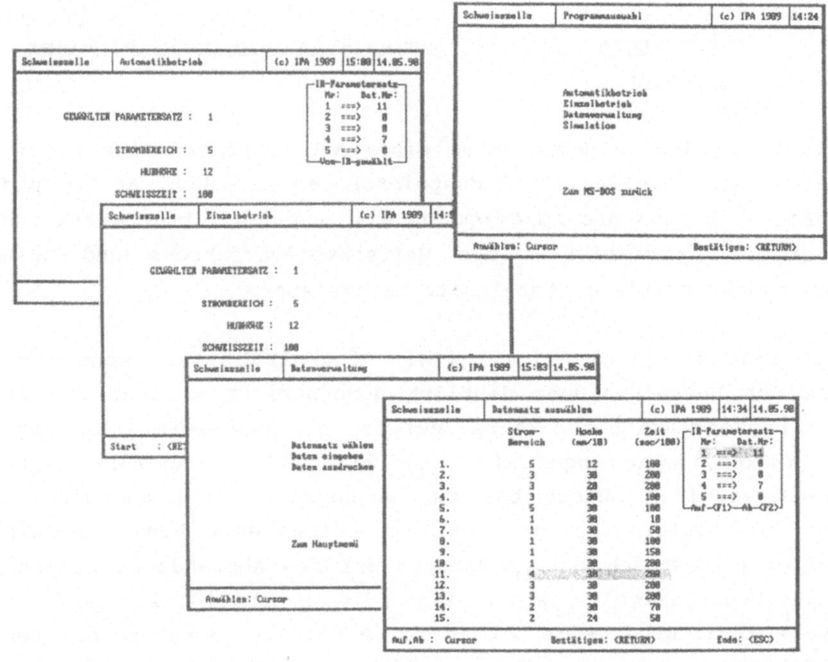

Bild 40: Mensch/Maschine-Schnittstelle der Heftschweißsteuerung

Für das Ablaufprogramm bietet sich die Auswahl unterschiedlicher Betriebsarten an. Die Betriebsart Datenverwaltung ermöglicht die Eingabe und das Ändern der Parameterwerte und die Zuordnung von Parametersätzen, die über den Industrieroboter angewählt werden können. Die Eingabe der Parameterwerte erlaubt die voneinander völlig unabhängige Variation der drei Parameter (Strombereich, Schweißzeit, Hubhöhe), wobei die Bandbreite aus Sicherheitsgründen softwaremäßig einzuschränken ist. Dies erscheint besonders bei der Schweißzeit wichtig, deren fälschliche Veränderung weitreichende Folgen haben kann. Gerade zur Programmerstellung für ein neues Bauteil und zu Versuchszwecken eignet sich der Einzelbetrieb. Im Einzelbetrieb kann eine Heftschweißung auch ohne Industrieroboter ausgeführt werden, während beim Automatikbetrieb kein manueller Eingriff mehr möglich ist. In dieser Betriebsart wählt der Industrieroboter einen Parametersatz an, womit die Flexibilität auch im automatisierten Betrieb sichergestellt ist.

7.4 Überprüfung der Funktionsweise im Zusammenspiel aller Komponenten

Im Bild 41 sind alle Komponenten eines Arbeitsplatzes zum Lagefixieren und Ausschweißen für Industrieroboter zu sehen. Am Beispiel eines Bauteiles aus dem Landmaschinenbau und dem Versuchswerkstück ist die Funktionsfähigkeit des Heftschweißverfahrens und seine Eignung zum Industrierobotereinsatz nachweisbar.

Mit dem Demonstrations-Bauteil (vgl. Abschnitt 2.1.3) können die Vorzüge des Heftschweißens deutlich demonstriert werden: Das Basisteil besteht aus einer Walze, auf der die Anschweißteile, sogenannte Nocken, anzubringen sind. Auf einer Länge von einem Meter dieses Basisteiles müssen bis zu 50 Anschweißteile angeschweißt werden. Die Positionierung unterliegt keinen sehr hohen Genauigkeitsanforderungen (± 0,5 mm bezogen auf das Abstandsmaß zwischen zwei Anschweißteilen), jedoch sind die Anschweißteile auf dem Basisteil axial um jeweils 6 Grad versetzt. Die geometrischen Verhältnisse verhindern eine übersichtliche und kollisionsarme Spannsituation, so daß eine kombinierte Heft- und Schweißvorrichtung nicht zum Einsatz kommen kann. Mit den Nocken kann der Nachweis erbracht werden, daß eine zusätzlich an dem Anschweißteil anzubringende Zündspitze nicht notwendig ist. Statt einer Zündspitze wird die Geometrie des Nockens ausgenutzt und eine definierte Kante zum Zünden des Lichtbogens benutzt. Trotz einer Vorfertigung in der beim Abscheren auf einer Presse unterschiedliche Schnittkanten und Gratbildung entstehen, ist ein Vorbereiten der Einzelteile speziell für das Heftschweißen nicht notwendig.

Der Arbeitsablauf gestaltet sich so, daß die Anschweißteile in einem Magazin und das Basisteil in der Ausschweißvorrichtung bereit

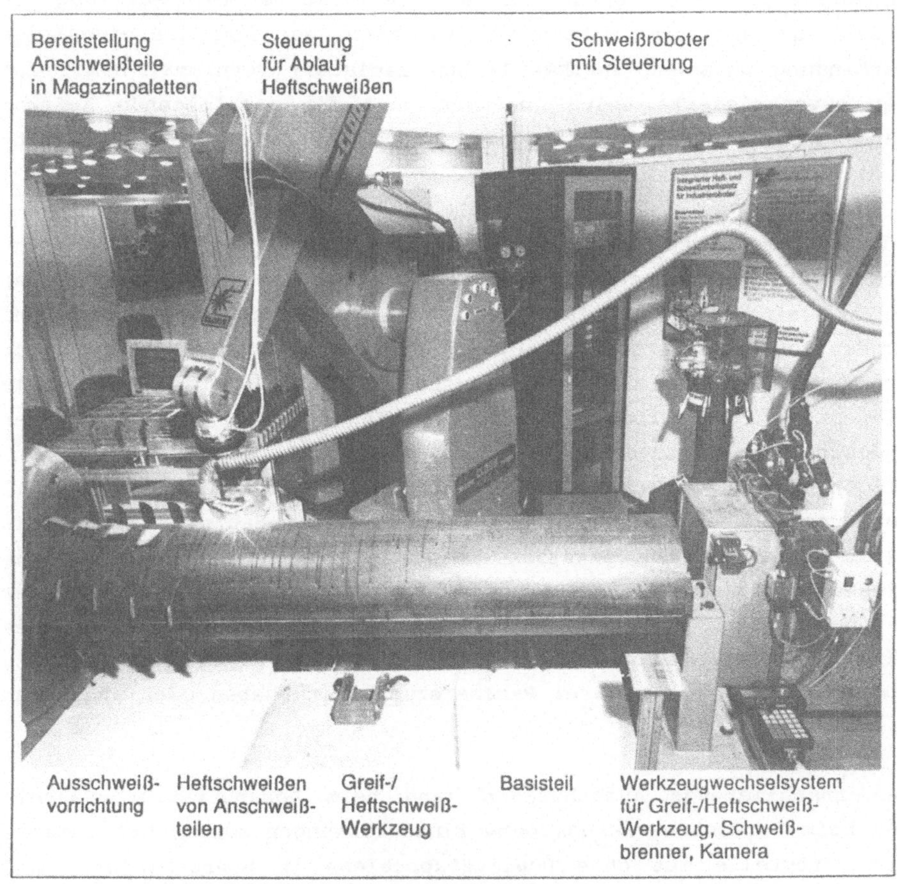

Bild 41: Aufbau eines Industrierobotersystemes zum Schutzgasschweißen mit integriertem Arbeitsplatz zum Lagefixieren und Ausschweißen für das Demonstrations-Bauteil Packerwalze und das Versuchswerkstück

gestellt werden. Das Greif-/Heftschweiß-Werkzeug wird über das Werkzeugwechselsystem aufgenommen und führt nach dem Greifen des Anschweißteiles den Heftschweißvorgang durch, indem durch das Aufsetzen einer Kante des Nockens an diesem Berührungspunkt der Lichtbogen gezündet wird und damit die Heftstelle bestimmt ist.

Dieser Ablauf wiederholt sich entsprechend dem Programmm des Industrieroboters. Danach wird das Greif-/Heftschweiß-Werkzeug abgelegt und der Schweißbrenner aufgenommen, der dann die endgültige Verbindung zwischen Anschweiß- und Basisteil vornimmt. Damit ist der automatisierte Ablauf beendet, und der nachfolgende Auftrag kann ebenso automatisch aufgerufen und mit anderen Parametereinstellungen abgearbeitet werden.

Schon beim gewöhnlichen Industrieroboterschweißen beeinträchtigt die Programmierung die Wirtschaftlichkeit. Die Programmierung des Heftschweißens ist einfach, weil wenige direkt angefahrene und abgespeicherte Punkte ausreichen, um den geometrischen Teil des Programmes zu erstellen. Der technologische Teil ist immer als gleiches Programmodul aufgebaut und kann an modernen Industrierobotersteuerungen auf einfache Art dupliziert werden. Allein der Aufruf des aktuellen Parametersatzes ist dem Bauteil entsprechend vorzunehmen, weil Demonstrations-Bauteil (Blechdicke 12 mm) und Versuchswerkstück (Blechdicke 2 mm) unterschiedliche Einstellungen benötigen. Bei einer notwendigen Veränderungen der Parameterwerte, etwa bei der Erstprogrammierung oder auftretenden Materialunterschieden, ist die Änderung der Werte sehr einfach möglich, indem ein anderer Parametersatz eingegeben oder abgerufen wird.

Das anschließende Ausschweißen kann beim Demonstrations-Bauteil und beim Versuchswerkstück ohne Einschränkungen ausgeführt werden. Die Heftstelle ist ohne Qualitätsprobleme zu überschweißen, und ein Verziehen des Anschweißteiles ist nicht festzustellen.

8 Einsatzfelder und Wirtschaftlichkeit

8.1 Einsatzfelder und Anwendungsgrenzen

Die geeigneten Einsatzfelder und die Anwendungsgrenzen für das entwickelte Heftschweißverfahren ergeben sich zunächst aus der technischen Realisierung des Heftschweißens. Das Heftschweißen ist nicht bei jedem Bauteil für ein Lagefixieren von Anschweißteilen anzuwenden. Vielmehr stellt jede der folgenden Anwendungsgrenzen für sich ein Ausschlußkriterium für die Anwendung des Heftschweißverfahrens dar:

- Gewicht des Anschweißteiles begrenzt,
- Geometrie des Anschweißteiles unterliegt Beschränkungen,
- Geometrie des Bauteiles unterliegt Beschränkungen,
- Werkstoffpaarung nicht beliebig.

Das Gewicht des Anschweißteiles ist die eigentliche Anwendungsgrenze, weil durch das Gewicht die Bewegungsvorgänge beschränkt werden. Die Hub- und Eintauchbewegungen müssen im Millisekundenbereich ablaufen, so daß das maximale Gewicht des Anschweißteiles von den Leistungsdaten der Bewegungselemente abhängig ist. Ein Wechsel, Austausch oder die Veränderung der Einstellung von Magnet oder Federelement und damit eine Änderung der Beschleunigungswerte ist nur eingeschränkt möglich. Damit liegt die Anwendungsgrenze für das Heftschweißen mit dem eingesetzten Prototyp bei einem Bauteilgewicht von etwa 1 Kilogramm, wodurch die Möglichkeiten der vom Schweißroboter realisierbaren Handhabungsgewichte (vgl. Abschnitt 4.2.1) nicht voll ausgenutzt werden können. Neben dem Gewicht ist die Geometrie von Anschweißteil und Bauteil zu berücksichtigen. Die Geometrie des Anschweißteiles unterliegt insofern einer Restriktion, als das Anschweißteil vom Greifer sicher gehalten werden, eine Schutzgasführung über die Greiferbacken möglich und eine Prallfläche am Anschweißteil vorhanden sein muß. Backenwechselsysteme oder gar weitere Greif-/ Heftschweiß-Werkzeuge mit anderen Aufnahmemöglichkeiten erlauben eine fast unbegrenzte Flexibilität. Diese Flexibilität geht dann aberzu Lasten der Wirtschaftlichkeit, weil einerseits die Wechselzeiten die Produktivität beeinträchtigen und andererseits die

Investitionskosten erhöht werden. Der Anpaßaufwand an die in Bild 42 gezeigten Anschweißteile ist gering und bezieht sich vornehmlich auf die Greiffläche und den Greiferhub. Eine spezielle Vorbereitung der Anschweißteile für das Heftschweißen ist nicht notwendig. Vielmehr werden die Anschweißteile in der Regel genauso heftgeschweißt, wie sie bisher manuell geheftet wurden. Auf das Anbringen einer Zündspitze kann verzichtet werden, wenn die Geometrie des Anschweißteiles eine definierte Kontaktstelle zuläßt. Da pro Anschweißteil nur eine Heftstelle möglich ist, dürfen heftgeschweißte Anschweißteile nicht mit Biege- oder Torsionsbelastungen beaufschlagt werden. Das bedeutet, daß das heftgeschweißte Bauteil bis zum Ausschweißen keinen äußeren Krafteinwirkungen, etwa durch Zugriffe auf die Anschweißteile bei etwaigen Positionier-, Handhabungs- oder Transportvorgängen, unterworfen werden sollte.

Der potentiellen Gefahr, daß wegen der einen Verbindungsstelle beim Heftschweißen während des Ausschweißens ein größerer Schweißverzug auftritt, kann mit einem abgestimmten Schweißfolgeplan begegnet werden. So wird z.B. beim Ausschweißen der Nocken des Demonstrationswerkstückes "Packerwalze" zunächst eine kurze Schweißnaht gegenüber der Heftstelle gesetzt und erst dann mit den weiteren Ausschweißnähten begonnen. Damit verfügen die heftgeschweißten Nocken vor dem eigentlichen Beginn des Ausschweißens über die gleiche Stabilität wie die einer konventionell gehefteten "Packerwalze".

Die <u>Geometrie des Bauteiles</u> muß das Heftschweißen insofern unterstützen, als eine möglichst senkrechte Fügerichtung für das Anschweißteil zum Basisteil möglich sein und ausreichend Platz ohne Kollisionsgefahr zur Verfügung stehen muß.

Landmaschinentechnik,
Rotor

Landmaschinentechnik,
Packerwalze

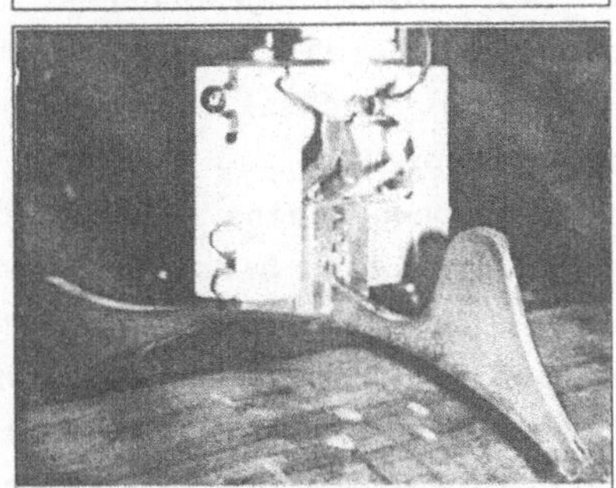

Fahrzeugbau,
Gabelstaplerhubarm

Fahrradherstellung,
Halter

Werkzeugmaschinen,
Aufnahme

Fördertechnik,
Schneckenwelle

Bild 42: Für das Heftschweißen geeignete Bauteile

Die Werkstoffpaarung von Anschweißteil und Basisteil muß für das Heftschweißen geeignet sein. Im Rahmen dieser Arbeit sind geeignete Werkstoffpaarungen nicht untersucht worden. Die Übertragbarkeit der bisher gewonnenen Erkenntnisse auch auf andere Baustähle zeigt sich bei Probeheftschweißungen weiterer für das Heftschweißen grundsätzlich geeigneter Bauteile, wobei deren Auswahl nur stichprobenartig erfolgte. Da zu den Werkstoffen und ihren Kombinationen keine Parametereinstellungen in Tabellenform vorliegen, zeigt sich hier die Notwendigkeit der freien Parameteranwahl und ihrer Abspeicherung. Dadurch wird der Bediener in die Lage versetzt, sich seine eigene Bibliothek für die Heftschweißparameter anzulegen, was die Einstellung der optimalen Parameterwerte in Abhängigkeit von der Werkstoffpaarung erlaubt.

Typische, für das Heftschweißen geeignete Bauteile sind in Bild 42 dargestellt. Diese Bauteile umfassen ein sehr breites Feld, angefangen vom Werkzeugmaschinenbau über die Landmaschinentechnik, den Fahrzeugbau bis hin zur Fahrradrahmenherstellung.

An diesen Bauteilen wird die Problematik des Lagefixierens in Bezug auf das Spannen der Einzelteile ersichtlich, weil bei ihnen die Geometrie des Anschweißteiles im Verhältnis zum Basisteil gering ist. Gerade an diesen Bauteilen wird deutlich, daß sie ohne ein Heftschweißen nicht sinnvoll mit einem Schweißroboter auszuschweißen sind. Ihre Geometrie erlaubt nur bedingt den Einsatz einer kombinierten Heft- und Ausschweißvorrichtung. Die Alternative des Heftens der Einzelteile an einem separaten Heftarbeitsplatz führt dazu, daß die Einzelteile bisher nach dem Heften ebenfalls manuell ausgeschweißt werden, weil die Schweißnahtlänge im Verhältnis zum Transport- und Handhabungsaufwand zu gering ist. Aus diesen Gründen erscheinen vor allem die Bauteile für ein Heftschweißen geeignet, die sich durch kurze Schweißnähte und kleine Abmessungen der Anschweißteile auszeichnen und die bisher wegen der schwierigen Spanneigenschaften manuell geheftet worden sind. Erst durch die erfolgreiche Substitution der Heftvorrichtung wurde die grundsätzliche technische Möglichkeit geschaffen, solche Bauteile in einem Industrierobotersystem zum Schutzgasschweißen zu fertigen. Daher bietet sich das Heftschweißen oftmals für Bauteile an, die bisher nicht mit dem Industrieroboter ausgeschweißt worden sind.

Ein die Funktion des Heftschweißens beeinträchtigendes Auftreten des gefürchteten Schweißverzuges konnte bei den bisher durchgeführten Probeschweißungen nicht festgestellt werden, was durch die geringe Energieeinbringung beim Heftschweißen gegenüber dem Ausschweißen verständlich wird. Auch beim Ausschweißen konnte in dem aufgebauten Industrierobotersystem zum Schutzgasschweißen an den Beispielwerkstücken kein Schweißverzug festgestellt werden, was sicherlich durch die oben erwähnten kurzen Schweißnähte begünstigt wird.

8.2 Wirtschaftlichkeitsbetrachtung

Neben der technischen Machbarkeit des Heftschweißverfahrens muß der Nachweis der Wirtschaftlichkeit geführt werden, um den notwendigen Aufwand und die Investitionen zu rechtfertigen. Exemplarisch wird dies an Hand des Demonstrations-Bauteiles "Packerwalze" vorgenommen (vgl. Bild 41). Die besonderen Eigenschaften des Heftschweißens lassen sich am besten durch einen Vergleich mit der Fertigung in anderen Schweißanlagen ableiten. Um den gesamtheitlichen Ablauf widerzuspiegeln, beziehen sich die Zeitkalkulationen auf beide Arbeitsschritte (Lagefixieren und Ausschweißen), damit auch unter wirtschaftlichen Gesichtspunkten eine gesamtheitliche Betrachtung des Industrierobotersystemes möglich wird. Da Transport- und Liegezeiten nicht eindeutig zu erfassen sind, sollen allein Rüst-, Verteil- und Zykluszeitanteile in die Rechnung eingehen, die mit Zeitaufnahmen in der Praxis exakt ermittelt worden sind /70/. Auf die Vorteile des Industrieroboterschweißens bei diesem Bauteil im Gegensatz zum manuellen Ausschweißen soll nicht näher eingegangen werden (vgl. hierzu /9/). Die weitere Reduzierung der Fertigungszeit beim Einsatz eines Industrieroboters auch für das Lagefixieren führt in diesem Fall zu einer Senkung der Fertigungszeit um mehr als 50 Prozent. Gegenüber der unflexiblen Sonderschweißmaschine liegt die Fertigungszeit für Lagefixieren und Ausschweißen allerdings höher (vgl. Bild 43).

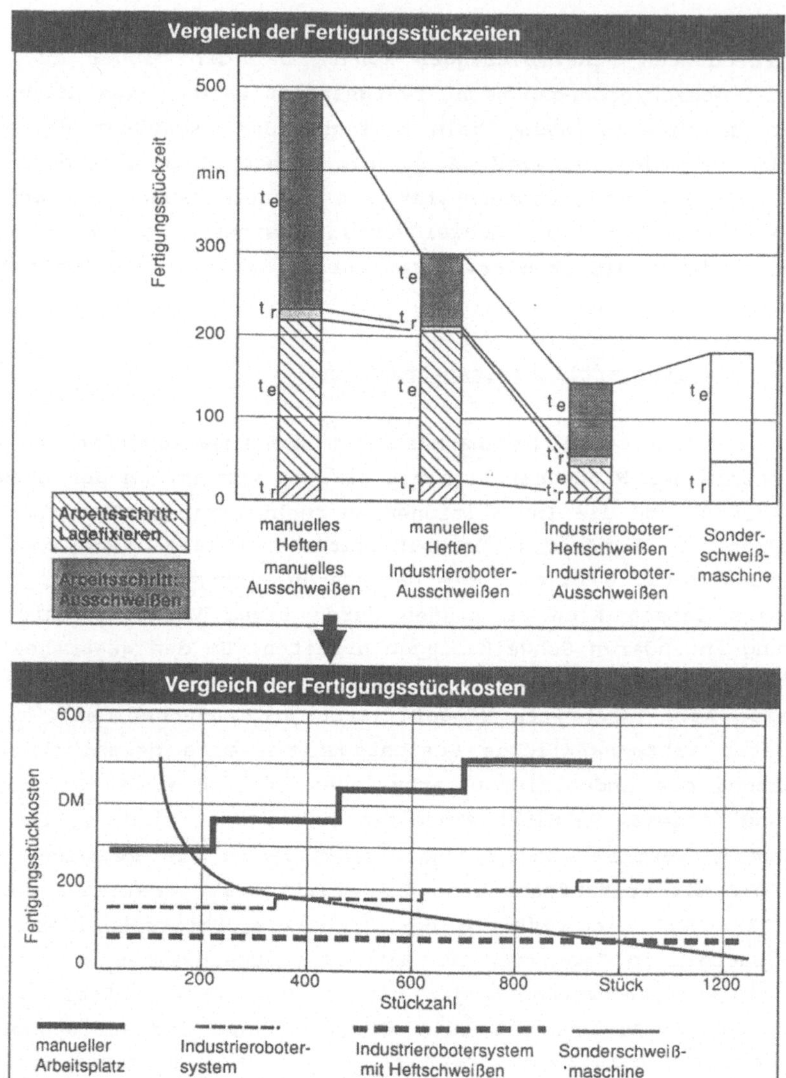

Bild 43: Kalkulation von Fertigungsstückzeiten und Fertigungsstückkosten auf der Basis von Zeitaufnahmen und Maschinenstundensatzrechnungen für das Demonstrationswerkstück "Packerwalze"

Ausgehend von dieser Zeitkalkulation ergeben sich in Abhängigkeit von der zu produzierenden Stückzahl die Fertigungstückkosten aus Bild 43. Grundlage der Fertigungsstückkosten ist eine übliche Maschinenstundensatzrechnung /72/, wobei die Eingangsdaten mit den Investitionskosten und laufenden Betriebsausgaben denen in der realen Fertigung /70/ und in dem prototypisch aufgebauten Industrierobotersystem entsprechen. Eine gleichbleibende Auslastung des Industrieroboters vorausgesetzt, ändern sich die Stückkosten in Industrierobotersystemen bei Stückzahlveränderungen nicht. Die Schweißanlagen mit manuellen Arbeitsinhalten unterliegen hingegen einer Treppenfunktion, weil Kapazitätsgrenzen erreicht werden, die dann höhere Kostensätze erfordern. Die degressive Kostenfunktion der Sonderschweißanlage erklärt sich aus der geringen Flexibilität, so daß bei niedrigen Stückzahlen keine ausreichende Auslastung der kapitalintensiven Schweißanlage besteht, was sich unmittelbar in den Stückkosten niederschlägt. Aus diesen Ergebnissen ist abzuleiten, daß das Heftschweißverfahren besondere Vorteile im kleinen und mittleren Stückzahlbereich mit häufigen Los- und Produktwechseln aufweist.

9 Zusammenfassung und Ausblick

Im ersten Teil der Arbeit wird der Versuch unternommen, Industrierobotersysteme dahingehend zu klassifizieren, daß diejenigen Abläufe zu erfassen sind, die nicht in gleicher Weise wie das Ausschweißen flexibel automatisiert werden können. Die ablauf- und aufbauorganisatorische Analyse zeigt den Schwachpunkt bestehender Industrierobotersysteme beim vorgelagerten Arbeitsschritt Lagefixieren. Die Untersuchung des Lagefixierens ergibt, daß die Ausführungsformen mit Heftvorrichtungen über einen sehr geringen Automatisierungsgrad verfügen. Die Lösungen ohne Heftvorrichtungen können zwar automatisiert ablaufen, jedoch werden hohe Investionsaufwendungen nötig, die einen wirtschaftlichen Betrieb bisher nicht zugelassen haben. Die Automatisierungsengpässe beim Lagefixieren liegen demnach einerseits in den fehlenden flexiblen Betriebsmitteln, wie z.B. den Vorrichtungen, und andererseits in der fehlenden Integration aller Arbeitsschritte und Materialflußvorgänge zu einem gesamtheitlichen Ablauf.

Aufbauend auf diesen Erkenntnissen werden Lösungen diskutiert, die diesen Schwachpunkten durch einen neuen, integrativen Ansatz begegnen. Das ausgewählte Heftschweißen ermöglicht ein automatisiertes Positionieren und Fixieren der Lage von Blecheinzelteilen in Industrierobotersystemen zum Schutzgasschweißen. Dabei kann auf unflexible Heftvorrichtungen vollständig verzichtet werden, und die Ausführung der Handhabungsfunktionen durch den Schweißroboter wird möglich.

Die Untersuchung potentieller Schweißverfahren zeigt, daß das Lichtbogenbolzenschweißen für dieses Heftschweißen sehr gut geeignet ist. Dabei weist das Hubzündungsverfahren eindeutige Vorteile gegenüber dem Spitzenzündungsverfahren auf. In ersten Versuchen konnte der prinzipielle Funktionsnachweis erbracht werden und darauf aufbauend die Auswahl des Hubzündungsverfahrens vorgenommen werden. Darüber hinaus sind die Grundlagen für einen prototypischen Versuchsaufbau geschaffen.

Der abschließende Teil befaßt sich mit der Erarbeitung von theoretischen und experimentellen Grundlagen für das Heftschweißen. Gerade bei einer schweißtechnischen Verfahrensentwicklung kann auf praktische Versuchsreihen nicht verzichtet werden. In dem Versuchsaufbau kann daher das Heftschweißverfahren insoweit untersucht werden, als die Beurteilung des entwickelten Verfahrensmodells und die qualitative und teilweise auch quantitative Eingrenzung der Verfahrensparameter möglich wird. Vor diesem Hintergrund ist ein verfahrensorientiertes Konzept für die Heftschweißsteuerung und das Greif-/ Heftschweiß-Werkzeug sowie die weiteren Komponenten entwickelt worden. Die Integration des Lagefixierens und des Ausschweißens in ein Industrierobotersystem zum Schutzgasschweißen konnte die Funktionstüchtigkeit und die Wirtschaftlichkeit eines derartigen Heftschweißverfahrens bestätigen. Dabei sind die besonders geeigneten Bauteilspektren durch kleine und mittlere Jahresstückzahlen und besondere Geometrieausprägungen gekennzeichnet, denn die heftzuschweißenden Anschweißteile unterliegen dabei Einschränkungen in Bezug auf Gewicht und Greifmöglichkeiten.

Aus dem industriellen Einsatz des Heftschweißens wird sich ein erweitertes Einsatzpotential ergeben, dessen zusätzliche Anforderungen durch zukünftige Entwicklungen erfüllt werden müssen. Aus heutiger Sicht erscheint es möglich, die Anwendungsgrenzen auszudehnen, etwa durch alternative Greifprinzipien, Überwachung und Regelung der Heftschweißparameter und weiterentwickelte Lösungen für die Hub- und Eintauchbewegungen. Weitergehende technologische Betrachtungen, wie beispielsweise das Lichtbogenverhalten oder die Verbindung artfremder Werkstoffe, wird die Ausweitung des Einsatzpotentiales zusätzlich unterstützen. Die wissenschaftlichen Untersuchungen müssen dabei durch experimentelle Versuchsreihen ergänzt werden, um so das Heftschweißverfahren auch schweißtechnisch auf eine breite Basis zu stellen.

Schrifttum

/1/ Warnecke, H.-J.:
Die Blechfabrik der Zukunft.
In: Rationalisierung im Blechbetrieb durch Industrierobotereinsatz: IPA-Technologie-Forum, 5. November 1987.
Stuttgart: IPA, 1987, S. 9-30.

/2/ Heede, K.:
Trends bei der Ausrüstung moderner Preßwerke.
In: K. Siegert: Neuere Entwicklungen in der Blechumformung. Tagungsunterlagen, 8.-9. Mai 1990
Oberursel: DGM-Informationsgesellschaft, 1990, S. 17-31

/3/ Warnecke, H.-J.; C.M. Claussen:
Erhöhung der Fertigungsflexibilität: Flexible Fertigungssysteme für die Blechbearbeitung.
In: Schweizer Maschinenmarkt 88 (1988) 43, S. 36-45.

/4/ Ruge, J.:
Handbuch der Schweißtechnik.
Berlin u.a.: Springer, 1980.

/5/ Schraft, R.D.:
Stand der Robotertechnik im internationalen Vergleich.
In: Schweißen mit Robotern: Vortragsband zum Aachener Kolloquium, 30. und 31. März 1987; APS.
Aachen: Fotodruck J. Mainz, 1987, S. 1-12.

/6/ Schweizer, M.:
Robotereinsatz wird zur Normalinvestition.
In: Roboter (1988) 2, S. 24-28.

/7/ Grube, H.: Schweiß- und Schneidtechnik im Jahre 1984.
In: Schweißen und Schneiden (1985) 9, S. 421-433.

/8/ Grube, H.: Schweiß- und Schneidtechnik im Jahre 1989.
In: Schweißen und Schneiden (1990) 9, S. 431-440.

/9/ Gzik, H.:
Verfahrensinstrumentarium zur Werkstückauswahl und Auslegung von Industrieroboterschweißsystemen.
Berlin u.a.: Springer, 1987.
Zugl. Stuttgart, Univ., Diss., 1987.

/10/ Norm DIN 1910, Teil 12: Schweißen; Fertigungsbedingte Begriffe für Metallschweißen.
Berlin u.a.: Beuth (7.83).

/11/ Roth, H.-P.:
Mehr nur als ein Modetrend? Möglichkeiten zur Rationalisierung der Kleinserienfertigung.
In: VDI-Z 130 (1988) 9, S. 192-196.

/12/ Weber, Th.:
Ein Beitrag zur Planungssystematik für die automatisierte flexible Blechteilefertigung.
Berlin u.a.: Springer, 1987.
Zugl. Stuttgart, Univ., Diss., 1987.

/13/ Warnecke, H.-J.; R. Steinhilper:
Zukunftsorientierte Produktionsphilisophie.
In: Schweizer Maschinenmarkt 87 (1987) 38, S. 50-57.

/14/ Kosiol, E.:
Aufbauorganisation.
In: Grochla, E. (Hrsg.): Handwörterbuch der Organisation.
Stuttgart: Poeschel, 1973.

/15/ Schmidt-Streier, U.:
Methode zur rechnerunterstützten Einsatzplanung von programmierbaren Handhabungsgeräten.
Berlin u.a.: Springer, 1982.
Zugl. Stuttgart, Univ., Diss., 1982.

/16/ Severin, F.:
Planung der Flexibilität von roboterintegrierten Bearbeitungs- und Montagezellen.
München: Hanser, 1987.
Zugl. Berlin , Univ., Diss., 1987.

/17/ Gzik, H.; D. Boley; G. Schiele; J. Park:
Vollautomatischer Industrieroboterarbeitsplatz zum Schweißen und Verschleifen von Blechteilen.
In: VDI-Z 125 (1983) 7, S. 223-225.

/18/ Eichhorn, F.:
Schweißtechnische Fertigungsverfahren.
Düsseldorf: VDI (1983).

/19/ REFA-Verband für Arbeitsstudien und Betriebsorganisation e.V. (Hrsg.):
REFA-Mappe Schweißtechnik 08/1981/125651.
Düsseldorf: DVS (1982).

/20/ Norm VDI 2860: Montage- und Handhabungstechnik; Handhabungsfunktionen, Handhabungseinrichtungen, Begriffe, Definitionen, Symbole.
Berlin u.a.: Beuth (10.82).

/21/ Scharf, P.:
Strukturalternativen integrierter flexibler Fertigungssysteme und ihre Bewertung.
Berlin u.a.: Springer, 1975.
Zugl. Stuttgart, Univ., Diss., 1975.

/22/ REFA-Verband für Arbeitsstudien und Betriebsorganisation e.V. (Hrsg.):
Methodenlehre der Betriebsorganisation, Teil: Planung und Gestaltung komplexer Produktionssysteme.
München: Hanser, 1987.

/23/ Norm DIN 19233: Automat, Automatisierung, Begriffe.
Berlin u.a.: Beuth (7.72).

/24/ Norm DIN 1910, Teil 1: Schweißen; Begriffe, Einteilung der Schweißverfahren.
Berlin u.a.: Beuth (7.83).

/25/ Eßer, D.:
Rechnergestützte Verfahren zur prozeßorientierten Schweißkopfführung insbesondere beim MAG-Dünnblechschweißen.
Aachen, RWTH, Diss., 1987.

/26/ Fuchs, K.:
Flexible, sensorgesteuerte Roboterschweißsysteme.
Aachen, RWTH, Diss., 1987.

/27/ Niehaus, T.:
Rechnergestützte Anwendungsprogrammentwicklung für Industrieroboter und flexible Automatisierungsgeräte - Programmiermethode und ihre Anwendung in der Produktionstechnik.
Aachen, RWTH, Diss., 1987.

/28/ Bültermann, G.F.:
Beitrag zur Fertigungsqualität beim Lichtbogenbahnschweißen von Grobblechen mit Industrierobotern.
Siegen, Gesamthochschule, Diss., 1986.

/29/ Scholz, H.-J.:
Industrieroboter zum Lichtbogenschweißen: Definition und Kenngrößen von Industrierobotern.
In: DVS-Tagungsband Mechanisierung, Automatisierung und Einsatz von Industrierobotern beim Lichtbogenschweißen, 13.-15. März 1985.
Düsseldorf: DVS, 1985, S. 14-18.

/30/ Gallus, G.:
Betriebsmittel: Begriff und Arten.
In: Kern, W. (Hrsg.): Handwörterbuch der Produktionswirtschaft.
Stuttgart: Poeschel, 1984, S. 354-361.

/31/ Bardeleben, W.v.:
Methode zur Klassifizierung von Vorrichtungen.
Berlin u.a: Springer, 1969.
(Betriebstechnische Reihe RKW REFA.)

/32/ Norm DIN 6300: Vorrichtungen für formändernde Fertigungsverfahren; Benennungen und deren Abkürzungen.
Berlin u.a.: Beuth (6.70).

/33/ Mauri, H.:
Vorrichtungsbau 1-4.
Berlin u.a.: Springer, 1972.

/34/ Martels, W.; A. Schneider:
Vorrichtungen in der Schweißtechnik.
Düsseldorf: DVS, 1989.

/35/ Gengenbach, O.:
Widerstands-Schweißvorrichtungen.
In: Werkstatt und Betrieb 100 (1967).

/36/ Fuchs, R.:
Systemanalyse.
In: Grochla, E. (Hrsg.): Handwörterbuch der Organisation.
Stuttgart: Poeschel, 1973.

/37/ Thiel, H.:
Vorrichtungen - Gestalten, Bemessen, Bewerten.
München: Hanser, 1971.

/38/ Schreyer, K.:
Werkstückspanner.
Berlin u.a.: Springer, 1969.

/39/ Pieperhoff, H.J.:
Rechnerunterstützte Konstruktion von Vorrichtungen - Ein Beitrag zur Rationalisierung und Automatisierung der Vorrichtungskonstruktion.
Aachen, RWTH, Diss., 1979.

/40/ Götz, E.:
Flexible Spannvorrichtungen.
Stuttgart: Grossmann, 1981.

/41/ Sattler, H.-J.:
Planung und Verwirklichung eines Industrieroboterschweißsystems für den Kleinserienbereich.
In: DVS-Tagungsband Mechanisierung,Automatisierung und Einsatz von Industrierobotern beim Lichtbogenschweißen, 13.-15. März 1985.
Düsseldorf: DVS, 1985, S. 65-68.

/42/ Götz, H.:
Die Systempalette als Vorrichtungsträger beim Roboterschweißen.
In: DVS-Tagungsband Roboter 89, DVS-Tagung.
Düsseldorf: DVS, 1989, S. 127-130.

/43/ Warnecke, H.-J. u.a.:
Arbeitskreis Magazinierung: Standardisierung von Magazinen und Aufnahmeelementen. Projektbericht am Fraunhofer-Institut für Produktionstechnik und Automatisierung (IPA), Stuttgart, 1988.

/44/ Eversheim, W.; Z.-J. Szabo:
Grundlagen einer systematischen Vorrichtungsplanung.
In: Industrie Anzeiger 99 (1977) 20, S. 339-342.

/45/ Warnecke, H.-J.; H. Gzik; W. Utner:
From the industrial robot weldung cell to the industrial robot welding system. Advanced manufacturing.
In: International Journal of Advanced Manufacturing Tecnology 1 (1986) 4, S. 25-38.

/46/ Hoh, T.; S. Fujinaga; H. Kamei; T. Yamanaka;H. Ogasa:
Development of a complex robot - assembling and welding
In: Vortragsband zum Aachener Kolloquium: Schweißen mit Robotern, Aachen, 1984.

/47/ Zwicky, F.:
Entdecken, Erfinden, Forschen im morphologischen Weltbild.
München: Droemer-Knaur, 1966.

/48/ Ropohl, G.:
Grundlagen und Anwendungen der morphologischen Methode in Forschung und Entwicklung.
In: Wirtschaftswiss. Studium 1 (1972) 11, S. 541-546.

/49/ NN:
Verfahren zum Befestigen eines Anschweißteiles an einem Grundwerkstück mittels eines Industrieroboterschweißsystems.
Patentschrift DE3434746 C2, Patenterteilung 14.7.88.

/50/ Winter-Hoss, R.; K. Hölldampf; U. Hallwachs:
Industrieroboter-Einsatzfälle in der Bundesrepublik Deutschland.
In: VDI-Z 128 (1986) 13, S. 503-509.

/51/ Warnecke, H.-J.; G. Fischer:
Automatische Montage, Industrieroboter übernimmt Einpreßvorgänge.
In: VDI-Z 129 (1987) 1, S. 54-56.

/52/ Norm DIN 1910, Teil 2: Schweißen von Metallen, Verfahren.
Berlin u.a.: Beuth (8.77).

/53/ Schraft, R.D.; König, M.:
Robotergeführtes, flexibles Laserstrahlführungssystem für das Laserstrahlschweißen.
In: DVS-Tagungsband Roboter '89 - Lichtbogenschweißen, Lichtbogenschneiden, Verwandte Verfahren, 8.10. März 1989.
Düsseldorf: DVS, 1989, S. 54-58.

/54/ NN:
Der integrierte Laserstrahl.
In: Roboter (1989) 6, S. 60-61.

/55/ Norm DIN 1910, Teil 5: Schweißen, Widerstandsschweißen, Verfahren.
Berlin u.a.: Beuth (10.86).

/56/ Norm DVS-Merkblätter 0901 bis 9304: Widerstandsschweißen.
0901: Bolzenschweißverfahren für Metalle - Übersicht.
0902: Lichtbogenbolzenschweißen mit Hubzündung.
0903: Lichtbogenbolzenschweißen mit Spitzenzündung.
0904: Lichtbogenbolzenschweißen mit Ringzündung.
Düsseldorf: Deutscher Verband für Schweißtechnik (DVS), 1988.

/57/ Norm DIN 32501: Bolzen für Bolzenschweißen mit Spitzenzündung; Stifte, Gewindebolzen und Innengewinde (für automatische Zuführung).
Berlin u.a.: Beuth (4.75).

/58/ Norm DIN 32500 Teil 1 - 4: Bolzen für Bolzenschweißen mit Hubzündung.
Berlin: Beuth (2.75).

/59/ Schmitt, K.:
Untersuchung zur Prozeßanalyse und prozeßbegleitender Qualitätskontrolle beim Bolzenschweißen mit Spitzenzündung.
Paderborn, Gesamthochschule, Diss., 1983.

/60/ Rehm, W.:
Untersuchungen zur Verringerung der Fehleranfälligkeit beim Bolzenschweißen mit Hubzündung.
München, Univ., Diss., 1983.

/61/ Yang, G.:
Bolzenschweißen mit Hubzündung an hochlegierten Stählen.
München , Univ., Diss., 1986.

/62/ Rosteck, W.:
Entwicklung und Einsatz von computergestützten Systemen für experimentielle Untersuchungen beim Bolzenschweißen, Punktschweißen und Schutzgasschweißen.
Paderborn, Gesamthochschule, Diss., 1986.

/63/ Pomaska, H.-U.:
Neuester Stand der MIG-/MAG-Schweißverfahren - Auswahlkriterien in der Anwendung.
In: DVS Berichte 109 (1987), S. 1-6.

/64/ NN:
Schweißtechnik, Jahrbuch 88.
Düsseldorf: Deutscher Verband für Schweißtechnik (DVS), 1988.

/65/ Boley, D.; A. Stolz:
Übersicht beim Werkzeugwechsel.
In: Roboter (1986) 4, S. 32-38.

/66/ Yang, G.; W. Welz:
Kurzzeitbolzenschweißen mit Hubzündung.
In: Schweißen und Schneiden 38 (1986) 3, S.128-131

/67/ Eichhorn, F.; R. Schaefer:
Grundlegende Untersuchungen zum Bolzenschweißen mit Kondensatorentladungsenergie.
In: Schweißen und Schneiden, 23 (1971) 1 S. 8-12

/68/ Rehm, W.; W. Welz.; G. Habenicht:
Untersuchung zur Verringerung der Fehleranfälligkeit beim Bolzenschweißen mit Hubzündung
In: Schweißen und Schneiden 34 (1982) 9, S. 433-437

/69/ Hahn, O; K.G. Schmitt:
Untersuchungen zum robotergeführten Bolzenschweißen.
In: DVS-Tagungsband Mechanisierung, Automatisierung und Einsatz von Industrierobotern beim Lichtbogenschweißen, 13.-15. März 1985.
Düsseldorf: DVS, 1985, S. 25-29.

/70/ Warnecke, H.-J. u.a.:
Planung eines Schweißrobotersystems mit integriertem Heftschweißen. Projektbericht am Fraunhofer-Institut für Produktionstechnik und Automatisierung (IPA), Stuttgart, 1989.

/71/ Schmitt, K.:
Verfahrens- und Technologiebedingte Grenzen beim Bolzenschweißen kurzer Dauer.
In: Widerstandsschweißen 89: DVS-Tagungsband, 18-19. September 1989 in Essen.
Düsseldorf: DVS, 1989, S. 50-53.

/72/ Warnecke, H.-J.; H.-J. Bullinger; R. Hichert:
Wirtschaftlichkeitsrechnung für Ingenieure.
München u.a.: Hanser, 1980.

Lebenslauf

Person:	Carsten Martin Claussen geb. 15.08.1958 in Frankfurt am Main Familienstand: ledig Eltern: Prof. Dr. jur. C.P. Claussen, Bankkaufmann, E. Claussen, Hausfrau
Schule: 1964 - 1977	Grundschule in Hamburg und Frankfurt am Main Reifeprüfung am Christianeum, Hamburg
Bundeswehr: 1977 - 1978	Instandsetzungseinheiten in Neumünster, Hamburg und Hannover
Studium:	
1978 - 1981	Maschinenbau an der Technischen Universität Hannover
1981 - 1986	Maschinenwesen an der Universität Stuttgart, Fachrichtung Fertigungstechnik
Berufspraxis:	
1983 - 1985	Lehrer an der Merzschule, Stuttgart
1986 - 1987	wissenschaftlicher Mitarbeiter am Fraunhofer-Institut für Produktionstechnik und Automatisierung (IPA), Stuttgart
1987 - 1990	Gruppenleiter am selben Institut für die Arbeitsgruppe "Flexible Blechteilefertigungssysteme"
1990 -	Mercedes-Benz AG, Stuttgart Zentrale Arbeitsgestaltung